gestalten

JN046305

THE
VANS & LIFE
バンライフ

キャンパーで行く世界ロードトリップ

g

バンライフという
人生の選択

絶え間ない変化を楽しむ日々を送ろうと、世界中の人々がロードトリップに踏み出す。
さらなる広がりを求めて暮らし方をダウンサイズし、車を家にする「バンライフ」を選択しているのだ。

朝起きてカーテンを開けた時、毎日違った景色が見えたらどうだろう? フランスとスイスの国境に横たわるジュラ山脈のふもとを、自分のオフィスと呼べたらどうだろう? 何かを心配することもなく、サハラの砂丘をオフロード車で駆け上がれたら? 好きな時に地中海で水浴びができたら? アンデス高地をハイキングし、その日のうちに小回りが利く心地好い「マイホーム」に帰れるとしたら?

ロードトリップの毎日は冒険にあふれている。そして、その醍醐味は自分自身で体験しなければ、決してわからないことなのだ。

バンライフは、都会の混み入った環境から抜け出す生き方を探すいい機会だ。通勤、9時から5時ではすまない勤務時間、年に数週間取るのがやっとの休暇……そんな単調な日々から解放してくれる。暮らし方はダウンスケールするが、高い可能性を秘めたバンライフ。それは、都市での住宅価格の高騰や法外なインフレにより、近年注目されているライフスタイルでもある。現代の暮らしの問題点はコロナ禍でさらに浮かび上がり、大勢の人々が、文字通り新鮮な空気を求めて大都市を去っている。バンライフは、つかの間の喜びにすぎない消費生活を忘れさせ、お金ではなく自然、人々、そして自分自身との永続的なつながりを優先させることを教えてくれるのだ。

ロードトリップ、バンライフとは、生き方をスローダウンし、周囲の世界の小さな声に耳を傾けること。これこそが冒険の場なのである。

旅から旅への生活を選んだ多くの人の気持ちを、アメリカ人ジャーナリストのキャサリーン・モートンは自身の著書『バンライフ・ダイアリー(*Vanlife Diaries*)』で、次のように書いている。

「このコミュニティは、ミレニアム世代を支配している『借金、仕事、消費の悪循環』の代替案を探しているのだ。自分の情熱を追求する時間を持つために車を家にしている。持たざる暮らしを選ぶこと、そして自分たちのやり方で、より良く健全な生き方を、日々見つけ出している」

移動生活の歴史は長い。人類ははるか昔から移動を繰り返し物資を運んできたが、レクレーション用のキャンパーが大衆に普及したのは第2次世界大戦後である。フォルクスワーゲン社は不朽の名作、タイプ2バスを1950年に世に送り出した。その箱型デザインは大戦後のヨーロッパで輸送車として造られたが、まもなく人々は「自身を運ぶ可能性」を見出したのだ。今日知られている象徴的なバンは、フォルクスワーゲン社がウェストファリア社と協力して製作した。旅のための豪華な日常品を装備することで、走り回るだけの車を快適なマイホームへと変えたのだ。このモデルは、いくつものチェック項目をクリアしている。手頃な価格、快適さ、耐久性、そして旅という文化に最も影響を与える適応性。自由なライフスタイルを肯定し、自分探しの文化に種をまいた車だ。作詞家、作家、コメディアンなどの顔を持つ

マイク・ハーディングは『フォルクスワーゲン・キャンパー・バン (The VW Camper Van)』でこう述べている。

「このバンは、何百万人もの人々を旅へと送り出した。外の世界で起こることより、自分の内面に生まれる変化を見出す旅に」

バンライフのムーブメントは、既成社会の価値観を壊そうとする若者たちによって、1960年代に本格的になる。『デイリー・カリフォルニアン (The Daily Californian)』紙の「ウィークエンダー」というコラムで、ジャーナリストのジャクリーン・モーランは次のように記している。

「バンは現実逃避の共同体となった。ノマド（遊牧民）が団結し、1970年代の古い慣習にかかわらずに生きる共同体だ。バンライフ文化は活動力のあるネットワークとなり、新しい生き方の理想像を共有する人々を結び付けたのだ」

今日もこの考え方は変わらない。

バンライフのムーブメントは、その精錬されたシンプルさにおいて小さな家を好む傾向と類似点が多い。どちらも1970年代以降のムーブメントで、ものに偏る消費社会を避け、実現可能な田舎暮らしを好み、快適でコンパクト、そしてサスティナブルな家に住みたがる。バンは、多くの点において小さな家のコンセプトを参考にコンバージョンされている。まるで万能ナイフのように効率の良い空間利用、道具のそろったキッチン、バスルーム、屋外テラス、工夫に富んだ収納スペース、快適なアイテムが整うリビングルームなど、普通の家に備わる便利な機能のあれこれだ。

自然とのつながりを深め、配慮に満ちた生活のため、オフグリッドでのサスティナブルな意義を優先して改造されるバンが多い。たとえば太陽光パネルや、ほぼどんな水でも飲料可能にするろ過装置を装備すれば、バンの完結性を高めることができる。そして、このライフスタイルを長期間続けることも、かつてないほど簡単になった。「デジタル・ノマド」たちの誕生だ。Wi-Fi信号さえあれば、通勤や都心の混雑から解放され、燃え尽き症候群や生産性重視の日々とは無縁の場所にスペースを確保し、仕事ができる。信頼性の高い四輪駆動と車高の高さがあり、オフロードを移動するのに十分な装備のバンがあれば、人里離れた自然に没入する体験もできる。それは、環境に負担をかけるスピーディーで裕福なスタイルとは対照的な旅だ。地元の人々や偶然出会う旅行者と交流したり、車を停めて散歩に出かける前に車窓から景色の変化を眺めたり。バンライフとは、ゆっくりと旅をするスタイルなのだ。

この本にも登場するオーストラリア人の写真家、バンライフを愛するローレン・サットンは次のようにまとめている。

「旅行というと、観光名所から次へと忙しく移動するけど、その間にある何かを見逃していないかしら。そんな何かこそ特別で、しっかりと見ることが本当の旅。ロードトリップをすると、毎日日の出と日の入りを見て、太陽の光、暑さ、雨、雪、寒さなどもれなく体験できる」

インスタグラムのハッシュタグに代表されるように、バンライフのコンセプトは今や急速に全世界で広まっている。しかし、理想化され一部しか表現されないことで、本来のバンライフの質が下がるのは心外だ。多くのSNS分野でそのようなことが起きている。カナダ人のバンライフ実践者マット・ワトソンは、ニュース・メディアの「インサイダー (Insider)」で次のように述べている。

「多数のハッシュタグをスクロールしながら見つけた砂浜は夢にすぎない。現実のものではないのだ。それを期待して行くと、実際の旅の美しさを逃してしまうだろう」

何も期待せず、シンプルな喜びを感じるために自身をオープンに保つこと。それがバンライフに必要なこと、とワトソンは強調する。

バンライフのシンプルさは、多様な充足感をもたらす。バンライフでは、人は現実にフォーカスせざるを得ない。畏敬の念を抱くような美しさと、心をゆさぶるような気まぐれさを秘めた自然が、毎日すぐそばにあるからだ。心を穏やかにする散歩の効果を考えてみよう。アウトドアに出かける心

地好さに関しては自明の理だが、研究によってそのメリットも裏付けられているのだ。2020年、イェール大学環境学スクールは、自然の中で過ごす時間が、精神的、肉体的にプラス効果があることを示した科学的研究記事を発表した。ストレスレベルや他者とつながる感覚、免疫システム、血圧など、あらゆることにいい影響が見られたのだ。

「自然とは、その存在自体が良いだけでなく、身体の健康と認知機能のためになくてはならないものである」と、ジャーナリストのリチャード・ルブは言う。

さらに実際に体験したことは、自分の人生を肯定する力となる。体験から得られる幸福感は、簡単に購入し所有する喜びよりはるかに大きく、はるかに長く続くこともわかっている。そして経験したという事実はいつまでも消えることなく、そこで得た考え方や他者とつながる感覚、共有感を後世にまで伝えてくれる。旅に出ている間の経験をコップの水にたとえるなら、毎日コップのふちから水があふれ出していることだろう。

寒冷地でのバンライフ

重要な安全装備から車内を快適にするものなど。ここに寒冷地での「初心者必須アイテム」を紹介しよう。

1. ナビゲーション・アプリ

寒冷地での旅は事前に計画を立てることが大事だ。氷、雪、みぞれなど、冬の運転は危険が伴う。GPSを使うナビゲーション・アプリをスマホにダウンロードし、天気予報アプリで気象注意警告を事前に調べ、危険な状況をあらかじめ回避できるようにしよう。

3. スノータイヤとチェーン

寒冷地での旅に出るなら、タイヤチェーンを装備しておこう。道路に雪、氷や泥がある時、チェーンはタイヤに必要なトラクションを与え、車を動かしてくれる。しかしチェーンの長時間の使用はタイヤに負担をかけるので、優れたスノータイヤも長距離の旅には必要だ。

2. スノースクレーパー

フロントガラスについた雪や氷を取り除くため、効率的なスノースクレーパーを持っておこう。特に寒い地域に行くなら、散財だと思われようが価値がある。スウェーデン製がおすすめで、特に柄が伸縮するものが使いやすい。

4. 断熱材

車を冬季仕様にするのにとても大切なのは、断熱材を正しく取り付けること。発砲スプレーの断熱材がポピュラーだが、羊毛やポリイソシアヌレートフォーム（硬質ウレタンフォームの一種）を使用した断熱材も良いだろう。断熱を施した窓はポカポカで快適な睡眠を約束してくれる。

7. ヒーター

ディーゼルやガソリン燃料のヒーターなら最も熱効率が良いが、プロパンガスの暖炉や電気、薪ストーブも選択できる（後者は斧と有能な木こりが必要）。

5. 除湿機

結露を防ぎ余分な湿気を取り除く除湿器は、車内のカビの繁殖を防いでくれる。湿度が高い寒冷地で感じられる底冷えも抑えられる。

8. ドアマット

ゴム製やコイア（ココナッツ繊維）のドアマットは、冬場に土や泥を車内に入れないようにするだけでなく、車が氷や泥などで動けなくなった時にタイヤの下に敷くことで、トラクションを得る助けにもなる。

6. 安全装備

旅に出る前に安全装備のチェックリストを作り、道具と応急処置キットを補充しておこう。牽引ストラップ、ジャンプスターター、ロードフレア（非常信号灯）、高視認性反射ベストなどは、ウィンチやスペアタイヤと同様に重要だ。手袋、エマージェンシーシート、雪かきショベルは冬季旅行での必須アイテムだ。

9. 暖かい寝具

どんな気候でも、快適なベッドはバンライフにおける最良の友である。長く寒い旅に備えて、睡眠場所を寒冷地対応にしておくことは欠かせない。羽毛布団や厚手のダウンの寝袋、それに加えて数枚のフリースやウールの毛布を用意することをおすすめする。

全天候下で便利なもの

スタビライザー、スピーカー、太陽光パネル……。どんな気候であってもバンライフに便利なアイテムだ。

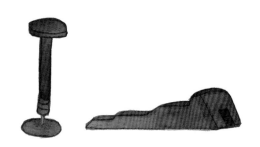

1. レベリング装置

平坦な場所に駐車できないなら、レベリング装置が必要。車が水平になるまで、ブロック、レベリングランプ、ホイールチョックなどを使って、車輪が動かないようにしておこう。レベル表示メーターを取り付けておくと作業がはかどる。

3. トイレ

優れたトイレは、バンライフを快適にする。最良モデルは、固形廃棄物を堆肥化可能な泥炭と組み合わせるバイオトイレ、消臭剤が廃棄物を分解するポルタポッティポータブルトイレ（エコな代替品としても使える）、大型タンクを備えたトイレなどだ。

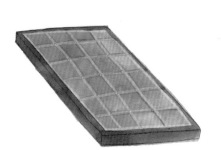

2. 太陽光パネル

バンの電気系統への太陽光パネルの追加は、ごく当然なことだ。太陽の恩恵を活用するのは燃料を必要とする発電機や外部電源との接続を省き、環境と財布に優しく、オフグリッドでもより長くキャンプ生活ができる。

4. カーゴボックス

バン車内に少しでも広くスペースを確保することは重要だ。車外に取り付けるカーゴボックスは、収納スペースの追加にとても便利。屋根に据え付けるカーゴボックスと防水仕様のカーゴバッグ、もしくは牽引のためのトレイラーヒッチに取り付けるカーゴキャリアがある。

5. カーインバーター

12ボルトインバーターは、様々な機器の充電に欠かせない。USB、DC電源、100ボルトのAC電源など、複数のソケットを備えたインバーターなら、車載バッテリーから種々のガジェットを充電できる。

7. Wi-Fi無線ＬＡＮ中継器

旅先で安定したインターネット接続を確保するのは面倒だが、必要なことだ。無線ＬＡＮ中継器で、インターネット接続を速く安定させよう。携帯電話ブースターは、遠隔地での微弱な信号を増幅してくれる。

8. ワイヤレスポータブルスピーカー

必要ないと言う人もいるだろうが、ワイヤレスポータブルスピーカーはバンライフをより楽しくするに違いない。軽量でバッテリーが長持ちするモデルを探そう。他の機器を充電する機能があればすばらしい。

6. 消火器

バンに防火対策を施すのはとても重要である。油、ガス、電気火災に対応している多目的消火器を購入しよう。消火器は５年ごとに買い替え、耐火シートや煙探知機も備えよう。

9. ヘッドランプ

両手で行う修理や、寝ている仲間を踏まないように冷蔵庫から飲み物を取ってくる時など、ヘッドランプは欠かせない道具だとすぐに気づくだろう。助けが必要な時の救助信号にも使える。

高温地、オフグリッドの
冒険に必要なもの

暑さの中、涼しく快適に虫なしで過ごすためのもの、ステイする場所をより居心地良くするツールを紹介しよう。

1. シトロネラ・キャンドル

蚊の襲撃を阻止したいなら、大きなシトロネラ・キャンドルがあるといい。キャンドルから立ち上る香りも楽しめる。もちろん購入もできるが、火災安全ガイドラインを守ったうえで、シトロネラ・オイルと蜜蝋で自作するのも良いだろう。

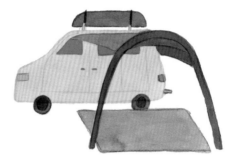

3. オーニング

夏季や太陽光が照りつける時に日陰を作り、居住空間を広げるオーニングは、オフグリッドの必須アイテム。ベストなものはルーフトップやサイド部分に装着するタイプで、組み立てが簡単で効率的にスペースを活用できる。

2. カールーフ・ベント・ファン

バン内の空気を循環させ、新鮮な外気を取り入れるのに最適だ。特に、窓を開けられない状況で車から離れる時には重宝するだろう。価格も手頃で、遠隔操作で回転速度を変えられるモデルが多い。

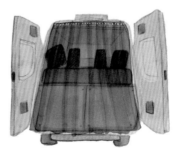

4. 防虫ネット

虫、特に蚊ほど安眠を妨げるものはそうないだろう。ドアや窓を閉めきっておけないほど暑い夜には、防虫ネットが有効だ。車にぴったりと合ったサイズが見つかれば、良い投資になる。

5. ポータブルエアコン

高温や多湿な場所では、バン内の温度と空気の質を調整するポータブルエアコンは必須アイテムだ。ほとんどの機種は除湿器としても使える。エアコンのＢＴＵ値（冷房能力）とバンのサイズが合うか、必ず調べてから購入しよう。

6. 冷蔵庫

ＤＣ12ボルトで動く冷蔵庫があれば、人里離れた道に繰り出す時でも食べ物を新鮮に、飲み物を冷たく保てる。バンの限られたスペースを最大限に使うために、上蓋式のタイプがおすすめだ。冷凍庫が付いているタイプも多い。

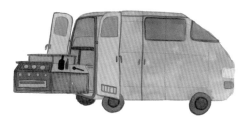

7. 屋外簡易キッチン

高温地での旅が多いなら、外部にスライドする簡易キッチンをバンに設置してはどうだろうか。シンク、コンロ、カウンタートップが通常装備されるギャレー式キッチンは、調理エリアを簡単に拡張でき、星空の下での晩餐を盛り上げてくれることだろう。

8. プライバシーテントと屋外シャワー

夏季の旅での屋外シャワーは、省スペースに（お金の節約にも）なる。タンクレス、プロパンガスか電気で温水を作るものから、屋根に取り付け太陽光で水を温めるものまで、豊富な種類がある。生分解性の石鹸も忘れずに。

9. アウトドア家具

アウトドア家具は、旅先での暮らし心地を左右する。折りたたみ、引き出しタイプのテーブルや椅子など種類は豊富にあるので、快適さ、コンパクトさ、耐久性など、自分に合ったものを探そう。ハンモックを持っていれば、昼寝の最高の友になるだろう。

冒険はいつも
バーチ材デッキの
マイクロバスで

アレナ・ライネッケとヨナタン・シュタインホフは大学を卒業した後、世界中を旅する夢を抱いていた。しかし、いざその時が来ると方針を一転、自宅近くに焦点を合わせる。「母国ドイツやそのまわりにも、美しいところがたくさんあるじゃないか。まずはヨーロッパ各地を訪ねたらどうだろうと思った」というのがその理由だ。

「シュタインホフはフォルクスワーゲンT3バンと共に育ち、古いマイクロバスと、それで旅をすることが大好きなんだ。だからこのバスで旅に出るアイデアは、すぐに二人にとって一番だという結論になった」

部分的に解体された定員7名のフォルクスワーゲンT2B（T3よりクールだよね?）を見つけた時、二人は大喜びした。そしてバンの扱いに精通しているシュタインホフの父親の助けを得て、すぐにレストアとコンバージョンを始め、走れる状態にしたのだ。

「手に入れてすぐ『セップ』と名付けた。1979年製米国仕様にだけ用意されたベージュとグリーンの組み合わせがすごく気に入って、外装にはなるべく手を付けなかった」と、二人はリノベーションの過程を説明する。

セップの内装はというと、自分たちだけではできないところがあった。

「ウェストファリア社仕様のオリジナルが好きだけど、当時使用されていた素材はそれほど多く市場になかったので、バーチ板を重ねてレプリカを作った」

コンピューター技術を駆使したCNC加工でバーチ材のヘッドライナー（天張り）を作るのは、地元の木材加工業者に依頼した。それ以外の車内のスペースは、すべて二人で設計、製作。彫刻的な表現がなされ、粗く研磨されたキャビネット、棚、カウンタートップ、ウェストファリア社伝統の「ベンチからベッドへ」セット、古い暖房用の銅管を使ったキッチンの蛇口など、ほとんどが自分たちのお手製だ。

シートやベッドを兼ねる後部座席のカバーには、オリジナルのフォルクスワーゲンの格子縞を彷彿とさせるモダンなオリーブ、ベージュ、黒のチェック柄を使い、カーテンは外装に合わせてグリーンを選んだ。暖かなハチミツ色の木材が、後部に付けた柔らかな光を放つストリングライトと相まって、シックで居心地の良い、誰をも歓迎する雰囲気を演出している。

北部の海岸線に沿ってドライブ（左ページ）

ライネッケとシュタインホフは、今までにこのセップで26,000キロを旅した。ドイツ、スイス、オーストリア、フランス、デンマーク、フィンランド、ノルウェー、スウェーデン、そ

してフェロー諸島。二人は熱くこう語る。
「バスを運転して旅をするフィーリングは、言葉では言い表せない。いつだって冒険にあふれているんだ！」

　これまでで鮮明に覚えているのは、ノルウェーのノルドカップまでスカンジナビアをめぐった3カ月の旅だ。プロ並みの腕前で、うらやましいようなスナップショットがアップされたインスタグラムが、それをよく物語っている。

「3カ月、9000キロ、そしてたくさんのきれいな場所をめぐった後、北ドイツの自宅に無事に帰り着いた」と、シュタインホフは語る。

　セップのエンジンは旅の間はなんとか働いてくれたが、今はリビルトする段階にいる。
「最大のチャレンジだけど、セップみたいな古いバスの所有者の宿命みたいなものだね」

DETAILED VEHICLE INFORMATION —— 詳細車両情報 ——

　セップはフォルクスワーゲン・タイプ2の第2世代。正確に言うとT2B、もしくは「レイト・ベイ」と呼ばれ、1972年以降に作られたバスに用いられる名称である。その魅力的で芸術的なたぐいまれな外見で、輸送用および乗用バンの先駆者でもあり、欲しがる人は依然として多い。特に硬派なオフグリッド派に人気の車種である。セップの外装色の組み合わせはドイツでは珍しいが、しゃれた内装は手作業で加工したバーチ材でウェストファリア社のスタイルをみごとに再現している。

製造会社	フォルクスワーゲン	製造年	1979年
形式	T2B	走行距離	不明

アイスランドのリングロードで別世界をロードトリップ

小さいが頼もしい日産のバン。ダニエル・ミューラーとエレナ・シュトルットは都会から脱出し、これに乗ってアイスランドの幻想的な環状道路、リングロードを行く。

アイスランド

全長1,328キロ、アイスランドの有名な国道1号線、別名リングロードを一周したロードトリップは、写真家ダニエル・ミューラーと妻のエレナ・シュトルットにとって忘れられない旅となった。2016年6月のことだ。

「僕も妻も、ベルリンの目まぐるしいコンクリートジャングルから抜け出したくて、長い間どうしようもなかったんだ」と、ミューラーは旅の動機を説明する。

荒々しい火山性の景色が広がるアイスランドはまるで別世界で、二人の熱い夢を現実のものにしてくれた。真夏の旅ではなかったが、6月の最高平均摂氏12.8度、最低平均摂氏5.4度という気温は、車でアイスランドを走るには最適だったし、特に昼の時間が長くなる時期で、雄大な風景を最大限に楽しむことができた。

ミューラーとシュトルットは旅に出る前、コンパクトな日産のNV200バンをコンバージョンした。追加した装備は後部の就寝スペース、クーラーボックス、折りたたみ椅子とテーブル、調理器具をしまう十分な収納スペースなどだ。

「アイスランドの天候はかなり荒れるし、快適じゃない。夕食を準備しようとすると、強風で大変な思いをすることもある。バン内部で料理するスペースはないので、ガスコンロの火が消えない工夫も必要だった」と、ミューラー。

だが、そんなことは取るに足りない問題で、バンのシンプルなデザインは最終的にメリットとなった。

「もちろんもっと大きくて、内部に小さなキッチンがあり、車内で立ち上がれるバンを選ぶこともできる。でもそんな大きいバンが本当に必要かな？　大変ではあったけど、料理の後に暖かい車内に飛び込んで食事をするのは、なんとも言えない価値があった」

二人の旅は、レイキャビクのすぐ東から反時計回りにスタート。まず300キロに渡る有名なゴールデンサークルをめぐった。北アメリカ大陸とユーラシア大陸の構造プレートが交わるシンクヴェトリル国立公園から、3000年前に火山の噴火で形成されたケリズ湖まで、アイスランドを初めて旅する多くの人が自然の驚異を堪能する場所だ。

ゴールデンサークルから出ると、南海岸沿いに進路を東にとる。このルート沿いにはアイスランドではおなじみの、文句なくすばらしい滝が点在する。ミューラーは、セリャラントスフォス滝では車から降りて、歩いて滝に近付くといいと言う。崖の開口部から、流れ落ちる水の裏側に踏み込むという珍しい体験ができるからだ。最初の宿泊地はヴィーク・イ・ミールダルという小さいが有名な町で、火山灰で覆われた黒い砂浜の海岸線に位置する。流れる溶岩で自然に形成されたアーチ状のディルホゥラエイ岩、パフィンが生息する「トロールのつま先」と呼ばれるレイニスドランガル海食柱がよく知られている。階段状の玄武岩でできた岩柱群が、海にそびえているのだ。

しかし、アイスランドではいつも予想外の驚きがある。「僕の一番のお気に入りが何かと聞かれたら困る。旅を続けると、次から次へと止めどなくすばらしいものに出会うから。しいて言えば、移動中に情景が一瞬で変わることかな。驚きに満ちていて魅力的だ」と、ミューラーは語る。

ヴィーク・イ・ミールダルを出発したのち、柔らかいコケに覆われた溶岩地帯のエルドフロインを訪れた。1783年の噴火で流れ出た溶岩は、凍り付いた氷河の内部に入り込んで冷え、スカフタフェットル国立公園内のクバンナダールス山に横たわる氷河の端、ハイキングトレイルの手前で止まる。この国立公園は、アイスランドの国土全体の8パーセントを占める広大なヴァトナヨークトル氷河のふもとに位置し、近くのヨークルスアゥルゥン氷河湖は、一帯を優しいアイスブルーに染めている。

さらに島を東に移動し、最初のフィヨルドに沿ってうねる道を走った。するとリングロードが内陸に向かう前にエイイルススタジルの町に着く。二人はラーガルフリョット川岸でキャンプを設置した。町の北側、アイスランドの北東端の遠隔地をかすめながら道は鋭く左に曲がる。島の北部ではさらなる驚きが待っていた。ヨーロッパで2番目の力強さを誇り、轟音を響かせるデティフォス滝だ。足元にはっきりと地熱を感じられる乾燥地帯クベラロンドで

アイスランド、ヴィーク・イ・ミールダルの黒い砂浜（右ページ）

生息地に群れるアイスランドの馬(上)
アルナスタピのアーチ状の岩(右)
静謐に伸び行くリングロード(右ページ)

は、噴気孔から硫黄の蒸気が立ち上り、沸騰した泥のかたまりが勢いよく噴き上がっている。

　島の北西部では、南西部に向かう前に玄武岩で形成されたクビツァクァ岩に立ち寄った。龍の形を思わせる岩だ。そして、首都に戻る前に、スナイフェルス半島南部の漁港の町アルナスタピに滞在した。この旅は、二人のその後の人生を形作る最初の旅になった。二人は現在結婚し、1歳の子どももがいる。ミューラーはこう語る。

「この旅は二人で一緒の最初の休暇だった。バンライフを数日一緒に過ごせば絆もできるし、当然反発し合うこともあるよね。でも二人で一緒にすばらしい風景のロードトリップをエンジョイできたことは、本当にラッキーだった」

ICELAND
アイスランド

Hvitserkur
クビッツアクア岩

Dettifoss
デティフォス滝

Hverarönd
クベラロンド

Egilsstaðir
エイイルススタジル

Arnarstapi
アルナスタピ

Reykjavík
レイキャビク

Þingvellir
National Park
シンクヴェトリル国立公園

Hvannadalshnúkur
クバンナダールス山

Jökulsárlón
ヨークルスアゥルロゥン
氷河湖

Kerið
ケリズ湖

Seljalandsfoss
セリャラントスフォス滝

Eldhraun
エルドフロイン

Vík í Mýrdal
ヴィーク イ ミールダル

火山が取り囲む山岳風景（左ページ）
セルヤヴァットライログ・スイミング・プール（上）
アイスランドの数ある滝の一つ（左下）
シュトルット。ルピナスの花に囲まれて（右下）

いつでも北に、何度でもノルウェーへ

ノルウェーの魅力に取りつかれた自然写真家ナターシャ・クラインとダニエル・エルンスト。全道路をカバーしようと、再び「ガソリン大量消費」の旅に出る。

ノルウェー

「私にとってのノルウェーとは、広大で静寂、そして果てしなく続く美しい自然。ほかにここほど自由を感じられる国はない。だから何度でもこの国を旅するの」

　ノルウェーでのロードトリップの意義をこう語るのは、硬派なバンライフ実践者のナターシャ・クラインだ。風景や旅をテーマとする写真家で、コンバージョンされた20年落ちのフォルクスワーゲンT5トランスポーター「ウィルマ」と、夫でやはり写真家のダニエル・エルンストと共に旅をする。二人はヨーロッパ本土や北欧諸国を幅広く旅してきたが、ノルウェーだけは繰り返し訪ねている。夏のバカンス期、欧州人のほとんどが大挙して南に向かうのに対し、彼らはノルウェーに行くのだ。

「旅するルートは、たいてい南部のフィヨルドからヘルゲランまでの海に点在する美しい島々。それと数えきれない国立公園を結び、ロフォーテン諸島に至るアトランティック・オーシャン・ロード、そしてセンジャ島。2020年には、そこからノールカップ（ヨーロッパ最北端の岬）を訪ね、フィンマルクに沿ってノルウェーの最東端までたどり着いたの。そこはイスタンブールやカイロより東なのよ」と、クラインはノルウェーの道程を説明する。

　ヘルゲランに至るビーチは、息をのむような美しさでカリブ海を彷彿とさせるが、天候は似ても似つかない。ダウンを重ね着してやっとエンジョイできるのが、ノルウェーの夏なのだ。バレンツ海を望む極東の玄関口バルデでは、夏の平均最高気温は摂氏12度にしか届かない。二人のノルウェーの旅に、バンのディーゼルヒーターは必要不可欠だった。

　2020年夏の3度目のロードトリップはベストなものとなった。ノルウェーが国境を再開（新型コロナによる国境封鎖の一部解除）してすぐ、今までの旅よりさらに長く、10,000キロの道のりを北東部まで走ろうと決意した。

「この旅は、国土全体を4週間で走破する特別な冒険だった」と、クレインは回想する。車窓に広がる眺めは、遠くに行けば行くほどどんどん変わっていった。

「変化に富んだ国土、そこかしこで変わる情景、そこに住んでいる人々。もう、すべてが魅力的で、この旅は生涯忘れられない」

　すばらしい仲間もいた。同じフォルクスワーゲンT5トランスポーターで旅を共にした親しい友人だ。印象的な地形の滝、山、森林、崖だらけのラゴ国立公園で車を停め、一緒にハイキングをした。

　そして、絵のように美しいロフォーテン諸島を目指し、旅を続ける。そこでは猛烈な嵐の中、遠く離れたキャビンまでハイキングするという、典型的な「ノルウェーの夏」も体験した。服を乾かすと490メートルのティンスティンデン・ピークに挑戦。山頂では息をのむような景色が開けた。それは以前小型機をチャーターした時、雲に取り囲まれた山々と、それを飲み込むような暗いガラスの海を見下ろした経験に匹敵する、ドラマチックな体験だった。

　多くの場所を訪れているが、二人のノルウェーのロードトリップはたいてい、綿密な計画なしでスタートする。

「最大の目標はできる限り長くそこで過ごし、より多くの場所や地域を知ること。バンでのんびりと旅をすれば、自然、人、文化など、その国をもっと深く知ることができる。だから、私たちはゴールを設定することはまずない。大切なことは、大好きな場所で好きなだけ過ごす時間。ストレスなしでエンジョイすること」

　二人を旅へとかきたてているのは、風景をカメラに収めたいという共通の願望だ。

「夫も私も写真家なので、旅行に行ってカメラに収めたいフォトジェニックな場所がたくさんある。ドキュメンタリー番組を見たり、その場所に住んでいる友人と話したり、もちろんSNSからもインスピレーションをもらう。おかげで、地図にマークした場所がさらに増えて、そこを旅することになる」

ノルウェー、海辺の小さな町へ行く（右ページ）

　クラインの旅は終わらない。

　2020年のロードトリップでは、トロムソからわずか2時間北で二人の車、ウィルマのドライブシャフトが壊れた。6キロの長さのトンネル内で足止めされ、6時間後にけん引されたが、結局ウィルマは現地のショップでは修理が不可能で、ドイツに運ばなければならなかった。しかし、ノールカップ

ビーチでキャンプを(左ページ、右下)
ロフォーテン諸島をぶらつく(左ページ、左下)
天窓から差し込む光に映えるキッチン(左)
トナカイが道路を横断する (上)

への旅をあきらめきれない二人は、トランクがとても小さい
ボルボを借りて旅を続けた。
「このロードトリップのムードを続けたかった。必要最低限
のものをバッグに積めて車を借り、1週間、寝るのは車の
中。もうこれ以上悪いことは起きないと感じた時、それが最
高に楽しいひと時に変わるのよ!」

NORWAY
ノルウェー

ノールカップ
Nordkapp

Varangerhalvøya National Park
ヴァランゲルハルヴォヤ国立公園

トロムソ
Tromsø

RUSSIA
ロシア

Tindstinden, Lofoten
ティンスティンデン, ロフォーテン諸島

Rago National Park
ラゴ国立公園

SWEDEN
スウェーデン

FINLAND
フィンランド

子犬はおやすみ中（左下）
ドラマチックな景色の中のコンボイ（右下）
山に眺め入る（右ページ）

創造性を高める
キャビン・キャンパー

英国人カップル、エイミー・スパイアーズとスティーブン・マッカスは、コロナ禍のロックダウン中に感染の疑いがあって家にこもる羽目に陥った。その時、今までの暮らし方は自分たちを不幸せにしていないだろうか、と疑問を抱いた。そして間もなく、二人は仕事をやめ、家を売り、新しい人生を見つけるために、小さな改造バンでスコットランドを目指して旅に出る。

スコットランドに着いた途端、二人は無限のチャンスを秘めたバンライフにすっかり惚れ込んでしまった。コストのかかる生活から解放され、スパイアーズは織物を、マッカスは木彫刻を始め、これ以上ないほどの満足感を得る。その時に唯一必要だと思ったものは、もう少し大きいバンだった。
「バンをもう1台ゼロからコンバージョンする気はなかったので、個性的でほど良く基本装備を備えた古いキャンパーを探して、ほんの少し手を入れるだけにしたかった」
スパイアーズはこう説明し、二人はフェイスブックのマーケットプレイスで見つけた1989年製のタルボット・エクスプレス・パイロットR470を手に入れた。
「僕らは80年代キャンパーのオリジナルインテリアがとても気に入った。黄褐色の木材パネル製のシンクとコンロがね。可能な限りオリジナル感を残したけど、少しだけ『キャビン風』のテイストを足した」と、マッカスはキャンパーの選択について話す。
「この車を、売却した私たちの家の小型版にしたかった。再生した木材やアンティークで囲まれた、明るくて軽やかな雰囲気にしてね」

そのために手がけたのは、「軽い色で壁を塗った。木製のカップボードはそのまま。新しいテーブルを古い家具から作った」こと。ソファと薪ストーブを置くフロアスペースを確保するため、オリジナルの装備をいくつか取り外した。薪ストーブはコーンウォール州のアネベイ（Anevay）社製で、スコットランド名物の厳しい冬の必需品である。

結果、キャンパーの内部は居心地の良いしゃれた空間になり、ハンドメイド商品サイトのエッツィー（Etsy）で販売する二人の作品を作製する場所にもなった。
「走るワークショップ兼スタジオとしてデザインした」と、スパイアーズが言うと、「大きなワークベンチを後部に作って、オーダーを受けたらラッピングや写真撮影にも使えるようにしたんだ」と、マッカス。

スコットランドのタフな天候に耐えるタルボット（右ページ）

スパイアーズのお気に入りは、この小さな家の窓だ。創造力を高めるために欠かせないと言う。
「この車には、どの壁にも少なくとも一つ窓がある。どんな角度で駐車していても、必ず光が入ってくるようにね。この仕事をするには完璧」
一方、マッカスはこのキャンパー、タルボットの古さと歴史を楽しんでいる。
「お年寄りがたくさん寄ってきて、以前乗っていたタルボットをいかに愛していたかを話してくれる。それがすごく楽しいひと時になるんだ」

機織り場（左上）
手作り品のオンライン販売を開始（右上）
暖炉の一画は居心地が良い（右）

　二人はスコットランドに頻繁に出かけ、タルボットの具合を確かめた。
「最悪の経験はスカイ島で、ある晩暴風が吹き荒れてドアはガタガタ鳴り、ものすごく揺れた。車ごと飛ばされてしまうかと思ったほどだ」と、思い出す。
　しかし、最高に価値ある経験を得たのもこの島だ。
「信じられないくらい危なくて狭い道をなんとか運転して、辺ぴだけれどとても美しいビーチにたどり着いた。この道はとても急で、前輪が横滑りしてもうダメかと思った。古くて大きなキャンパーでは行けるところが限られていると思う人も多いけど、僕たちの場合は不可能じゃない。すごくゆっくり進まなければならないけどね」と、マッカス。
「それに、こうして得られる自由の恩恵は限りがない」
　スパイアーズはそう言って頼もしいタルボットに感謝し、二人の新しい明るいバンライフについて締めくくった。

DETAILED VEHICLE INFORMATION —— 詳 細 車 両 情 報 ——

　頑丈なバンには様々な種類があるが、タルボット・エクスプレスは、タルボット社製の最後のモデルで、英国内のみで販売された。車の大きさと重量の割に比較的エネルギー効率のよいディーゼルエンジンのおかげで、RV市場で人気を呼んだ。スパイアーズとマッカスは、ほとんどが木製ベースのインテリアが魅力的なこの個性的な1989年製のタイプを選んだ。そして、大きなワークベンチと心地よい薪ストーブを追加するシンプルなコンバージョンで、自分たちの好みに合わせた。

製造会社	タルボット	製造年	1989年
形式	エクスプレス・パイロット R470	走行距離	129,000キロ (80,000マイル)

湿原で一休み(上)

北海道の
ど真ん中で、
スノーボード
アドベンチャー

**友人同士で映像作家、スノーボーダーでもあるヘン
リー・ジョンソンとチャーリー・ウッドは、最高のパウダー
スノーを求めて北海道を駆けめぐる。**

日本

ヘンリー・ジョンソンとチャーリー・ウッドの楽しくて奇抜
なトラック「サビちゃん」を見たら、誰もがこう問うだろう。
「トラック？　キャビン？　それとも小さな家？」

答えは「全部正しい」だ。日本ではポピュラーなホンダ
の軽トラック、アクティの荷台にアップサイクルされた素材
で作った居住スペースが載っている。修繕を得意とする
ジョンソンと映画作家のウッドは熱狂的なスノーボーダー
で、このトラックで北海道を駆けめぐり、2020年初頭には、
映画『侘び寂び：日本の北国を探索する (Wabi Sabi: An
Adventure in Northern Japan)』を制作。

「一緒に北海道の奥地まで探検し、その記録を残せたら楽
しいプロジェクトになると思った。この旅の主な目的は、北
海道の有名なパウダースノーを堪能し、途中で新旧の友達
と会うことだった」

ジョンソンは友人からのもらいもの、アップサイクル品や
廃品を回収したものを使ってこの軽トラックをコンバージョン
した。屋根にはトタン板を、両サイドには様々な素材をコ
ラージュのように貼り付けた。

「軽トラックの荷台に小さいキャビンを作るのは、僕の長年
の夢だった。サビちゃんは旅先ですばらしい家となったし、
何もない場所でもスノーボードの拠点として十分に機能して
くれた。二人が快適に寝られる広さがあるし、用具を収納
するスペースもある」と、ジョンソン。

しかし、日本の凍てつく冬は彼らに試練を与えた。
「一番の問題は暖房がないこと。分厚いジャケットと重ね

着をして寝袋に入ったけれど、それでも手足が冷たかった。
寒い晩を耐え続け、朝の暖かい太陽が差し込んできた時
は、サイドウインドウに感謝したよ！」

この車ならではのメリットもあった。道中、会話に事欠か
なかったことだ。

「サビちゃんでの旅には特権が伴うのさ。通りかかるこのト
ラックを見た時の、少し困惑気味な地元の人の笑顔とか。
駐車していると人が寄ってきてしげしげと眺める。みんな
おもしろそうにポジティブな言葉をかけてくれたよ！」

二人は札幌市の南西にある喜茂別町の自宅を出発し、羊
蹄山のふもとのニセコ東急グラン・ヒラフに立ち寄った。そ
してコンビニでおにぎりやスナックなどを買い込むと、おお
まかな目的地「東の方」を目指して本格的な旅に出た。

最初の停泊場所に選んだのは、北海道
の山岳部の中心にある大雪山だ。

「町を出発した日の天気予報でこれから
数日間大雪になると聞いた時は、大好きな
キラキラのパウダースノーでボードに乗れると小躍りした。
夜明けにゲレンデに着いたが、途中の運転は深い雪の中で
大変だった。おもしろかったけどね！　車は持ちこたえてく
れたけど、道中は興奮と緊張の連続だった！」

北海道、向こうに火山
を臨む海（右ページ）

3日目のスノーボーディング中、ウッドは肩を脱臼するけ
がを負い、旭川の病院に救急搬送された。それでも彼は旅
を続ける決断をするが、映画撮影のスタイルを変えた。
「この事故以降、ウッドは一緒に滑れなかったので、僕は
道路に近いスロープを滑ることにし、彼が望遠レンズで撮
影できるようにしたんだ」と、ジョンソン。

その後、二人はゲレンデを出てさらに東に移動した。や
がてオホーツク海を臨むすばらしい情景に出会う。
「能取岬でたくさんの流氷が押し寄せているのが見えた。
はるか水平線には、氷山のような大きな氷の塊も見えたよ」

そこから海岸線を斜里までドライブし、さらに南下して
太平洋に面する釧路に到達。最終的には札幌まで戻った。

こうして楽しかったこと、辛かったこと、スノーボードの冒
険の醍醐味などすべてをカメラに収め、二人の映画は完成
した。
「たった1週間の旅だったけど、究極の解放感を満喫できる
ものになったよ」

しかも、どんなに大変なことが起きても、熱い温泉に身を
沈めればくつろげた。ジョンソンは次のようにこの旅を締め
くくった。
「温泉は日本のバンライフの一番のハイライトだ。大自然
に囲まれ、雪の中の露天風呂で熱い湯につかるのは、疲れ
きった体を回復させる完璧な方法だ」

小さいが頼もしい軽トラックが雪道を行く(上)
カーブミラーに映るサビちゃん(右)
友達が乗ってきた(右ページ、左下)
スノーボードの拠点にもなる(右ページ、右下)

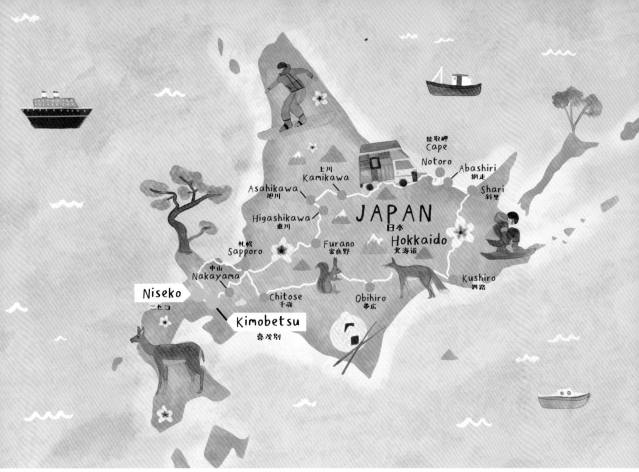

中山
Nakayama

Niseko
ニセコ

Kimobetsu
喜茂別

札幌
Sapporo

Chitose
千歳

Higashikawa
東川

Asahikawa
旭川

上川
Kamikawa

Furano
富良野

Obihiro
帯広

JAPAN
日本
Hokkaido
北海道

能取岬
Cape
Notoro

Abashiri
網走

Shari
斜里

Kushiro
釧路

北海道で楽しむスノーボード（左ページ）
斜面を滑り降りる（上）
吹雪を乗り切ろう（左下）
ネオンサイン下のサビちゃん（右下）

かつては消防車、今はスリル探求車

世界の雪山を股にかけるビッグマウンテン・フリーライダーのオーストリア人、ファビアン・レンチは、2015年、フリーライド・ワールドツアー（自然の地形を滑るテクニックやスタイルを競う世界最高峰の大会）に終止符を打ち、未踏のスキー場所を探そうと決意した。そして、この新たな冒険を記録し映画にするために、プロデューサーのカリン・レフナーと共にスノーマッズ（Snowmads）を立ち上げた。スノーマッズのチームは難しい地形でも走破でき、どの国でも容易に修理でき、しかも6〜8人のアスリートとクルーが生活できるスペースを持つ車が必要になった。車選びは、レンチの友人でスノーマッズのメンバーであるマーカス・アシャーが持っていた、小型で四輪駆動、薪ストーブ付きメルセデス・ベンツ310を参考にした。このタイプを念頭に市場調査し、1985年製メルセデス・ベンツの消防車を探し出し、9カ月に渡るコンバージョン作業がスタート。目標は、過酷な道のりも安心で厳しい天候を切り抜けられ、旅行者のベースキャンプとなる完璧な冬仕様キャンパーだ。信頼できる造り、オフロードに最適な四輪駆動、修理のたやすさなど、この元消防車はほぼすべての条件を満たしていた。問題はスペースだった。どんな探検遠征用の車でも、こんな大人数用にはできていない。しかし、1センチでもスペースを節約しようと努力した結果、なんとかなりそうなレイアウトを見出した。「それでも8人もいたらやっぱりものすごく狭い。お互いに体が触れても平気にならないとね！」と、スノーマッズのメンバーは言う。

レンチたちが見つけた元消防車はメインキャビンを刷新し、13平方メートルのスペースに8人が寝られるようになった。アルコーブ（RVのキャブ上の張り出し部分）には4人。その他キッチン、シャワー室（現時点ではスキーの道具入れ）、ダブルベッドとしても使えるリビングスペースなどを備えている。各々が自由に使えるキャビネット、充電ステーションを備えた映画制作用機材の収納スペース、薪ストーブ上に付けた服を乾かすためのフックなど、細かい装備もよく考えられている。ビデオ編集用の机にもなるベッドは、使わない時は棚に押し込んで収納できる。スノーマッズのメンバーたちは言う。

「キャンパー内部はできる限りナチュラルで居心地が良く、機能的にしたかった。羊毛、無垢の木材をたくさん使い、床はオーク材だよ」

もちろん、スキーなどギアを収納するボックス、6台のマウンテンバイクを運べるバイクラックなど、外部の装備も充実している。薪を外からストーブ近くに手軽に運べる機能もあるのだ。だが、チームの一番のお気に入りの場所は、間違いなく屋根に設けたデッキである。壮観な眺めが楽しめるだけでなく、スキーの後にリラックスしたり、ヨガのクラスを開いたりできる特等席だ。

大自然の雪原に停まるスノーマッズ・トラックは印象的だ（左ページ）

いざ、スキー・アドベンチャーへ(左ページ)
トラック内の薪ストーブで暖をとる(左上)
世界の頂点だ!(右上)

オーストリア、ドイツ、スロベニア、クロアチア、ボスニア・ヘルツェゴビナ、セルビア、コソボ、北マケドニア、アルバニア、ギリシャ、トルコ。これらが現在までにスノーマッズが成功させたツアー国だ。これだけ多くの場所を訪れれば、荒れた急勾配の凍った坂道で身の毛がよだつ瞬間を体験しても不思議ではない。新雪に見えたものの、実は氷が張った道路を滑り落ちたトルコでの事件を、次のように説明する。
「制御不可能な状態で、数百メートルも後方に滑って行った。幸運にも道路から落ちる前に止まってくれたけどね」

これで得た教訓は? タイヤチェーンを早めに装着することだ。四輪駆動だけではスリップは防げない。
「このことを除けば、スノーマッズ・トラックでの旅は最高で、人生で最もエキサイティングでスリリングな時間を過ごせるんだ!」

DETAILED VEHICLE INFORMATION —— 詳細車両情報 ——

このメルセデス・ベンツの元消防車は、映画撮影クルー、アスリート旅行者、そしてウィンター・スポーツに対する熱い思いすべてを受け入れるためにコンバージョンされた。8人が寝られる13平方メートルの新しいキャビンには、キッチン、シャワー室、リビングスペースがある。映画制作をサポートするために十分な充電設備、作業デスクにもなる収納式ベッドも備わっている。外部にはパノラマ風景が楽しめるルーフデッキ、機材やマウンテンバイクをしまう十分な収納スペースも備わっている。

製造会社	メルセデス・ベンツ	製造年	1985年
形式	1113 LAF ALLRAD	走行距離	83,000キロ (51,574マイル)

曲がりくねった
アルプス山岳道路に
挑戦する旅

ヨーロッパ中で旅する途中、オーストラリア人のローレンとジャック・サットン夫妻はフォルクスワーゲンの愛車「マチルダ」でアルプスの道に挑んだ。

アルプス

　花々が咲き始める春。2018年5月上旬、オーストラリア人写真家のローレン・サットンと夫のジャックは、35,400キロにわたる北ヨーロッパ探索の旅に出た。ノルウェーでかの有名な夏の嵐がやってくる頃、二人はふらりと南下し、アルプス探検を考え始めた。

　二人のバンライフの始まりは、オーストラリア大陸の南岸沖、タスマニア州に住んでいた時にまでさかのぼる。タスマニアは自然美にあふれた地で、毎週新しい場所を探索しようとバンを購入した。多くの人が言う通り、二人もバンライフがもたらす自由という恩恵に惚れ込み、ヨーロッパとイギリスを旅する壮大な計画を練ることになった。ローレンは次のように言う。

「結局二人とも仕事を辞め、日用品をまとめて倉庫にしまい、人生最大の旅に出た。私たちの目標は時間が許す限りいろいろな場所を訪ねていろいろな体験をすることで、バンライフはそれを実現する最良の方法になった」

　ヨーロッパに着くとすぐバンを手に入れた。1台あれば万能のキャンパー、フォルクスワーゲンT3ヴァナゴンである。「マチルダ」と名付けたバンには、もともとガスコンロ、ガスヒーター、充分な収納スペース、そしてソファベッドが備わっていた。

「ラッキーなことに、前オーナーから買った時点でほとんど改造する必要がないほど状態も良かった。それでもやはり古いバンなので、後々いろいろと壊れたわ！ 屋根は雨漏りしたし、冷蔵庫は動かない。エアコンはなく、おまけにエンジンは頻繁に修理が必要で、最後にはエンジンが車体か

ら落ちてしまったの」と、ローレン。二人は旅の間に車の修理と修理工を探すエキスパートになった。

「新しくてゴージャスなバンで旅をしたら、こんな体験ができる旅にはならなかったわね」

　アルプス山脈沿いの8カ国には、山岳道路が縦横無尽に走っている。昼間は暑いが、夜になると涼しくなる夏の時期のドライブは特に快適だ。

「ドイツからオーストリアに入り、イタリア、スイス、フランスをジグザグに走って行った」

　オーストリアの最高峰グロックナー山群の中、目がくらむような高所に位置するシュテュトルヒュッテに挑む前には、絵はがきのように美しいザルツブルクに寄った。そしてオーストリアからイタリアに入り、ドロミティからトレ・チーメ・ディ・ラヴァレドまで駆け抜ける。そこには3つの壁のような頂を持ち、コルティナとセチェダをつなぐ夏のハイキングルートがある。その後、深いターコイズ色の水面に遠くのラテマル山を映し出すカレッツァ湖のほとりに滞在。イタリアでは天気が崩れたが（ローレンは全天候に適した衣服を準備するよう推奨する）、数時間バンの中で辛抱強く待った甲斐があった。サイザー・アルム、ドロミティ高原、そしてイタリア最大の高山草原にかかる巨大なダブルレインボーをカメラに収めることができたのだ。

　イタリアを後にし、オーストリアに戻ってインスブルックと13世紀のエーレンベルク城を訪れ、スイスの静かな町アッペンツェルに到着。さらに南下すると、車旅の聖地フルカ峠に向かうにつれ、道路の傾斜は急になる。氷河、湖、森を眺めながらくねくねと登っていく峠は42キロに渡り、高度は2,431メートル。1964年のジェームス・ボンド映画『007／ゴールドフィンガー』でスリリングなカーチェイスを繰り広げた伝説の場所だ。アルプス最高峰の一つ、美しいマッターホルンのふもとにある町ツェルマットで、二人はアルプス・ルートの旅を終えた。

イタリア、ドロリテのカレッツァ湖はみごとな眺め（右ページ）

「有名なすばらしい場所をたくさん見たのも大切なことだったけど、これが他に類のない旅になったのは、車を運転して訪ねたことだと思う」と、ローレンは話す。

「旅行というと観光名所から名所へと忙しく移動しがちだけど、その間にある何かを見逃していないかしら。そんな何かこそ特別で、しっかりと見ることが本当の旅。ロードトリップでは日の出と日の入りを毎日見て、太陽の光、暑さ、雨、雪、寒さまでもれなく体験できる」

　山岳道路を走ると、さまざまなドライビング経験が得られる、とローレン。

「期待していた通り、チャレンジングな運転を要求される地形ばかりだった。マチルダは曲がりくねった急坂で苦戦し

サットン夫妻と二人のバン「マチルダ」（上）
馬がいた（右）
丘の上の集落を旋回する鷲（右ページ、左下）
アルプス辺境のキャビン（右ページ、右下）

て、エンジンパワーに頼らず相当スローに走っても一つの峠
さえ登りきれそうもなくて、本当に無理だと思った！」
　でも、そんな体験を経てより深い絆が生まれる。結局、二
人はマチルダを手放すことなくオーストラリアに送り、修理、
改装して母国でロードトリップを続けようと決めた。マチル
ダは生涯で一番高価なお土産になったと、ローレンは言う。

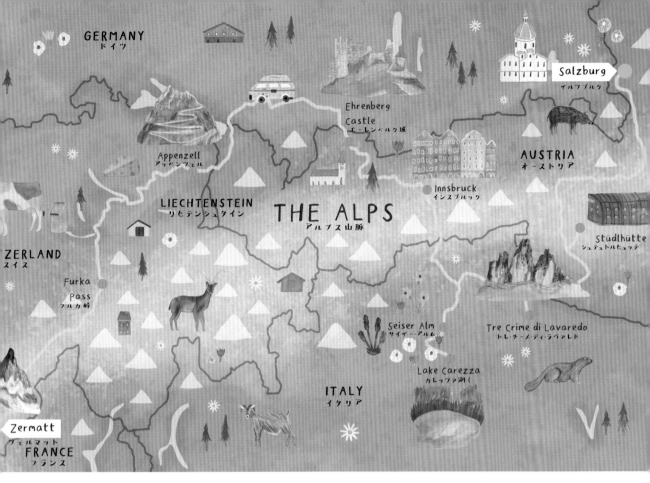

GERMANY
ドイツ

Ehrenberg
Castle
エーレンベルク城

Salzburg
ザルツブルク

Appenzell
アッペンツェル

AUSTRIA
オーストリア

LIECHTENSTEIN
リヒテンシュタイン

THE ALPS
アルプス山脈

Innsbruck
インスブルック

Stüdlhütte
シュテュドルヒュッテ

ZERLAND
スイス

Furka
Pass
フルカ峠

Seiser Alm
サイザー・アルム

Tre Crime di Lavaredo
トレ・チーメ・ディ・ラヴァレド

Lake Carezza
カレッツァ湖

ITALY
イタリア

Zermatt
ツェルマット

FRANCE
フランス

山頂を楽しむ（左ページ）
山の教会（左上）
アルプスの湖（右上）
一輪の花と壮大な風景（左下）
夕暮れ時の快適なベッドルーム（右下）

新しい朝、
新しい風景

アンドレ・バイゲルトとローラ・クルーガーは、初めからバンライフを求めていたわけではない。暮らしていたベルリンでの、大都会での生活から抜け出したかっただけだ。「特にバンを探していたわけではなかったけど、偶然に見つけて試乗もせずに買ってしまった」と、言う。

そのバンは、ベージュ色の1986年製メルセデス・ベンツ407Dで、愛情を込めて、「探検車オスカー」と呼んでいる。「外観を一目見てすごく気に入った。とにかくチャーミングなんだよね」

そう思い出を語る二人は、このバンは週末の脱出用に使うだけではもったいないと感じ始めていた。そう、もっと長い旅に出て、永遠に都会を去りたくなっていたのだ。

二人の気持ちが決まり、コンバージョンする際に一番優先したのは居住性だった。「ここで暮らす二人にとって快適であることが最低条件。ちゃんとした食事を作れるキッチンと、天候が悪い時に中で過ごせる十分なスペースは欠かせない」

キッチンはスリムだが本格的だ。濃い色の作業台に白いキャビネット、タイルのスプラッシュガード、ガスコンロ、磁石式の包丁置き、そして祖母の古いエナメル製の洗面器から作ったシンクは水のろ過装置も備えている。これらを備えた内装は、見るからに心地好さそうだ。北欧のキャビンを彷彿とさせる木製の羽目板と漆喰塗りが基調の車内は、実際のサイズよりはるかに広く見える。「バン内部を素朴な感じの見た目にはしたかったけど、暗すぎるイメージは嫌だった。白と茶色を組み合わせてみて、結果それがすごく良かった」

キッチンに立つと、すぐ後ろに二つの木製のドア（ドアの中はトイレとクローゼット）があり、横を向けば大きな窓。ダブルベッドのすぐ上のこの窓は、額装した絵のように毎日新しい景色を切り取ってくれる。このバンの窓はもともと魅力的だと評判で、どの方向からでも車内のインテリアが見える。チャーミングなシンクも好きだが、二人は特にベッドからの眺めを愛しんでいる。「バンを停める時、美しい風景に対して必ず後ろ向きにする。朝目覚めたときに最初に景色が目に入るようにね」

トルコ、カッパドキアの空を熱気球が舞う (左ページ)

キッチンの反対側、運転席の背に当たる場所にはスライド式のテーブルがついたL字型の椅子があり、その下の収納スペースも使いやすい。そこには身のまわりの品だけでなく、冷蔵庫と太陽光発電を含む電気製品もまとめて収納されている。

道中、クロアチアで保護犬「ルナ」が新しく仲間に加わった。インテリアに手を入れて、ベッド下の収納スペースの隅をいつでも出入りできるルナ専用スペースにした。ロードトリップに出て以来数年が経ち、たくさんの思い出ができた。スウェーデンの森では10月にオーロラを見ながら夜を明かし、トルコではバンが雪の急坂で制御不能になるカオスを経験した。この時はガードレールの無い道路から崖下に落ちる寸前だった。これまでにヨーロッパをほとんど網羅し、スウェーデン、ノルウェー、フィンランド、バルト海沿いのポーランド、スロバキア、クロアチア、ボスニア・ヘルツェゴビナ、ルーマニア、アルバニア、ギリシャ、トルコ、スペイン、ポルトガルを訪れた。二人はバンライフに完全に取りつかれているので、このリストはこれからますます長くなるだろう。

DETAILED VEHICLE INFORMATION —— 詳細車両情報 ——

このメルセデス・ベンツのコンバージョンには、車で生活するための条件が最優先された。すなわち快適性と実用性が鍵だ。現在このバンは、太陽光発電、水のろ過装置、ガスコンロのキッチン、食事を用意する十分なスペースを備えている。木製のドアの中はクローゼットとトイレ。バンの後部にあるベッドからは、オリジナルの大きな窓を通して変わりゆく風景が見える。毎日窓に縁取られる新しい風景を眺められるのが、この「マイホーム」の醍醐味だ。

製造会社	メルセデス・ベンツ	製造年	1986年
形式	407D	走行距離	103,340キロ (64,212マイル)

バン内で夕飯のひと時(上)
ノルウェー、ロフォーテン諸島を
眺める(右ページ)

なんでもこなす
機能的モジュール式装備の
ミニバン

　一見したところ、小型だが頼もしい単なる2009年製ピアッジオ・ポーターのミニバン。しかし、車内は小さな驚きどころではない。オーナーでデザイナーのケースティン・ビュルクの手による、工夫に富んだモジュール式の装備に満ちている。愛情を込めて「パッチョ」と呼ばれるこのバンは、ビュルクの建築学専攻の卒業プロジェクト作品である。この省スペースで移動可能な小型住居の研究は、人口増加、賃貸料の高騰、ノマドワークなど、現代の問題に取り組んだ集大成だ。

「最後のプロジェクトだったので計画だけで終わらせず、実際に居住可能なスペースを作りたかった。それがピアッジオ・ポーターのミニバンを探してコンバージョンした理由」と、ビュルクは言う。

　バンの全長はベッドをギリギリで置けるサイズ。ビュルクの課題は限られた空間内を小型で機能的、かつ融通のきくなんでもこなせる場所にすることだった。しかも学生の予算は限られている。

「とても小さいスペースなので、一人用の動く家の特性を多機能で実現しようと決めた。パッチョは今、多機能とコンパクトを併せ持つスイスアーミーナイフのように働いてくれる。車内を融通のきく棚状に設計することで、バンのドアが閉まっている時はベッドと収納スペースになってプライバシーと安全を確保してくれる。パッチョは機能的モジュールを備えているので、たとえば椅子やテーブルを車内に組み立てる時も、開ける、引く、押す、たたむなどの動作が簡単。バンを開け放てばアウトドア空間が自由に使える。テールゲートは上方に開き、外で料理、食事、作業、それから友達とワイワイ楽しむ時に、雨にぬれずにすむスペースを作ってくれるのよ」と、ビュルクはパッチョの機能を説明する。

　リラックスしたり星を眺めたりする木造のルーフトップテラスも付けたし、流行に遅れることなく太陽光温水シャワーも完備した。

　プロジェクトの目標は低コストで移動可能な住居を作ることで、長期に渡ってパンチョで暮らす予定はなかった。しかし、結果的にバンライフをスタートさせる。旅を続ける間に車のデザインが思惑通りに機能することが証明され、さらに冒険を重ねていった。

「市街地のど真ん中だろうが、人里離れた片田舎だろうが、どんな場所にでも車を停めて夜を過ごせる設計になっている。それがとてもうまくいっていて、もう2年間もずっとここに住んでいるのよ。サーフィンが大好きで、アイルランドとモ

西サハラの
ダクラでポーズ
（右ページ）

パッチョの多機能モジュラー式装備(左ページ)
朝食テーブルは飛び出してくる(左上)
見晴らしのいいキッチン(右上)

を手に入れた。最低限の日用品だけで暮らす毎日は、人生
で本当に大切なことは何かを教えてくれた」

そう語るビョルクは、旅の途中、その多機能性を生かし
たバンの新たな使い方を編み出した。テールゲートを開け
て、手作りのジュエリーとサーフィン・ポンチョを並べるポッ

ロッコ間の大西洋沿
いに、波を探し、冒険
しながら暮らす自由

プアップ・テラスショップで、ビョルクはそれを「ローリング・
ショップ(走る店)」と呼んでいる。さらにもう一つ、パッチョ
には便利な特徴がある。装備品はすべて取り外しが可能な
ことで、移動に特化した車としても利用できるのだ。ビョル
クによれば、モジュール式内部は2人の力持ちがいれば、ほ
んの数分ですべて取り外せるとのこと。これはモジュール
式バンライフの、大きな特徴と言えるだろう。

DETAILED VEHICLE INFORMATION —— 詳細車両情報 ——

この2009年製ピアッジオ・ポーターのミニバンは、
モジュール式で機能が切り替えられるようにコンバー
ジョンされ、ロードトリップでの家、ショップ、運送用
のバンと、必要に応じてその役割が変化する。内部
は、モジュールを開いたりたたんだりすることで、就
寝エリア、収納スペース、座席エリアに切り替わる。
テールゲートを開けば、折りたたみ式キッチンとリビ
ングスペースが外に引き出せる。ルーフトップテラス、
太陽光が熱源の温水シャワーも備えている。

製造会社	ピアッジオ	製造年	2009年
形式	ポーター	走行距離	107,000キロ (66,487マイル)

ちっちゃな家で
世界中を
でっかく旅する

スイスが本拠地のカップル、スティーブン・ストレウリとサンドラ・シェンベフラーはバンライフの経験は浅い。だが、二人のキャンパー、2015年製ルノー・マスターは、軽快で洗練されたデザインに改造済みで、長距離アドベンチャー向けである。この車での最初の旅は、2021年5月にイタリアのサルデーニャ島に向かうと決めていた。バンを購入したのは2020年の初めで「ビーバン」と名付け、コンバージョンに手を付けたのは秋が深まる頃。冬場は毎日このプロジェクトをこなし、主な改造に4週間かかった。残りの作業は週末の時間を費やした。

「僕たちのコンセプトはオープンスペース。実際のマイホームのように十分なリビングがあり、特に2匹の小型犬シラとリオと一緒に快適に生活できることが条件だった」と、ストレウリは言う。

コンセプトの実現のため、大工のスキルを持つシェンベフラーの兄弟に協力してもらった。力を合わせた結果、軽量で実用的なバンを、旅に適した居心地良い空間にすることに成功した。実際「居心地良い」という表現をはるかに超えたレベルで、気どりのないキンポウゲのような黄色の外装だけでは想像がつかない。バンの内部だけを見たら、小さなマンションか家の一画かと錯覚するほどだ。シェンベ

フラーの好みで、森のような深い緑色が目を引くキッチンには、軽い木製のベンチトップ、スパイスラック、シンク、コンロが2口設置され、食事を用意する充分なスペースを完備している。普通、バン内ではお互いによくぶつかるものだが、そんなこともないほど広い。キッチンの隣はリビングスペースで、ここも十分な広さがあり、クッションと砂色濃淡のブランケットを置いたベンチと正方形の木製テーブルがある。そこからはすばらしい外の景色が楽しめるし、プライバシーが必要なら木製のベネチアンブラインドを下ろせばいい。キッチンの脇にはトイレを備えたシャワー室。白いタイル張りで、黒い器具がうまく調和している。バンのボディの曲線部分に合わせて作られた収納スペースも大きく、身のまわりのものが整頓できる。そして昇降タイプの木製ベッドを天井近くに設置したおかげで、その下に動きまわる拡張スペースが生まれた。

**オフグリッドの
ビーバンを空から眺める
（右ページ）**

コロナ禍に旅をしたのは、無謀な挑戦だった。

「トスカーナへ向かう途中、新型コロナに感染してしまった。水、トイレ、シャワー、犬、バン、食糧の買い出し、洗濯など、ただでさえすべきことがたくさんあるバンライフは病気の身には手に余って、自分たちのためだけでなく、犬のた

ベッドを収納すると犬用のバルコニーと
リビングスペースになる(左ページ)
小さい家を引き立てる
グリーンのキッチン(左上)
昼寝仲間(右上)

めにも家に帰ろうと決
めた」
　具合が悪い二人は
熱波の中、エアコンな
しで10時間運転して家に戻った。
「本当につらかった。あの時ばかりはバンから離れて休息
したかった!」
　しかし、最初に行ったサルデーニャ島での充実感がそん

な気持ちを吹き飛ばし、バンライフの喜びを思い出させてく
れた。
「サルデーニャ島ではバンライフの面白さを思いっきり体験
した。けっこうめちゃくちゃだったけど、大好きさ。ちっちゃ
な家で、でっかい世界を存分に味わった。ワイルドでひと味
違う自然の世界に出会った。野生の豚、犬、猫、牛、ロバ、そ
してあふれんばかりの自然。その時、もっとでっかく旅しよ
うと心に決めた」

DETAILED VEHICLE INFORMATION —— 詳細車両情報 ——

　ルノー・マスターはモバイル・ホームにするために
全面改造された。最優先事項は、最高に住みやすく
すると同時に、車重を可能な限り軽くすること。快
適な内部はバンというより、ワンルームマンションの
ように人がくつろげるスペースで、木製カウンターの
大きなキッチン、ベッド、座席スペース、トイレ、シャ
ワーを備えている。天井近くに設置した昇降ベッド
下のフロアが使える斬新な省スペース設計で、収納
スペースも十分にある。

製造会社	ルノー	製造年	2015年
形式	マスターL3H2	走行距離	60,000キロ (37,282マイル)

70年代が息づく
フォルクスワーゲンの
オリジナルキャンパー

アメリア・ル・ブランの夢は、いつの日かフォルクスワーゲン・ウェストファリアのオーナーになることだった。ドイツの会社がデザインした特徴あるフォルクスワーゲンを、コンパクトで手頃なRV仕様にコンバージョンしたモデルで、1950年に初めて世に出た。幸運なことにル・ブランはカラシ色の型のオーナーとなった。大きなベイウィンドー（張り出し窓）タイプでスペアタイヤがフロントに付いたスタイルはこのモデルの象徴で、歴史と耐久性をも証明している。

「このキャンパーは、1976年に工場から出荷されて以来、何も変わっていない」と、ル・ブラン。

彼女の言葉は誇張ではない。一度たりとも再塗装されたことがなく、その70年代の色調が走り抜けると、その鮮やかさに人々が振り向くほどだ。半世紀前のノスタルジーを彷彿とさせるオリジナルのインテリアにも、まったく手を加えていない。外観は一見コンパクトに感じるが、内部は居心地の良いテイストで、効率的に装備を配置しているため、思ったよりも広々としている。

移動する時は、タータンチェック柄のシートカバーの運転席に滑り込む。食事の時には、シンクとテーブルを備えた木製パネルの簡易キッチンがある。2〜3人が寝るためのスペースがあるが、ル・ブランのキャンパーにはポップアップする屋根にもベッドがあり、星空の近くで寝ることもできる。ル・ブランは言う。

「キャンパーを探していた時、このバスはすでにポップアップする屋根になっていて選択の余地はなかった。でも、今では屋根を跳ね上げるたびにうれしくてたまらない。この車のオーナーになれてなんてラッキーなんだろう、と」

このキャンパーは年式が古いわりに、エンジンも完璧なオリジナルである。最高スピードは時速96.5kmしか出ないが、長距離の旅にはこれで十分だし信頼に値するとわかった。たぐいまれなキャンパーの個性こそ、オーナーを虜にしたポイントだ。

「エンジンは空冷で、私が直せないような故障はほとんど起きない。なんでも自分の力で事足りるし、どこに行っても振り向かれるのよ！」

絵はがきのような村を走り抜ける（右ページ）

こう言う通り、ル・ブランはすべて自分で修理することを楽しんでいる。今、このバスには彼女とガールフレンド、2匹の保護犬、住みついた子猫のドリーが暮らし、緑豊かな風景のイングランド、スコットランド、ウェールズの山々や深い森でキャンプしたり、絵はがきのような美しい田舎道を流したり、人里離れた険しい海岸線に駐車してサーフィンをした

70年代のオリジナルインテリアはこんな感じ（左上）
ポップアップするベッドを存分に楽しむ（右上）
保護犬と憩いのひととき（右）

りして過ごしている。もちろん数々の旅の最中には良いこと
もあれば悪いこともあるが、最高の思い出はウェールズで過
ごした1週間で、思いがけず楽しい日々になった。凍えるほ
ど寒かったが、3匹のもふもふの仲間と一緒にキャンプし、
ハイキングをし、川や湖で泳いだ。

「暖房はなかったけど、最高の旅だった。何か新しいことが
始まるんじゃないかっていう気分」

　試練にも果敢に立ち向かうキャンパーと一緒なら、これ
からもたくさんの新しい冒険が待っているに違いない。最
後にル・ブランは言う。

「この車のオーナーは今までにたった二人だけ。二人とも
宝物のように大事にしてきたし、一緒にいる限りこれからも
ずっと大切にするつもり」

DETAILED VEHICLE INFORMATION —— 詳細車両情報 ——

　この1976年製フォルクスワーゲンＴ２ウェストファリアは、フォルクスワーゲンの象徴でもあるベイウインドーと鼻先にマウントしたスペアタイヤで知られていて、ちょっと癖のあるデザインのオリジナルパーツをそのまま備えている。生産時にはコンパクトで経済的という点で一番人気を誇り、内部の木材パネルの簡易キッチン、テーブル、リビングスペースとベッドスペースが自慢だ。このモデルはポップアップする屋根も特徴の一つで、追加ベッドとみごとな見晴らしをもたらしてくれた。

製造会社	フォルクスワーゲン	製造年	1976年
形式	T2ウェストファリア	走行距離	225,000キロ (140,000マイル)

刻々と変化する風景を眺める（上）

イギリスの
険しい地形に
語り継がれること

ジュリア・ニムケは、イングランドとスコットランドの険しく神秘的な地形を旅している。言い伝えを研究し、超自然的な物語に魅せられて。

イギリス

2018年7月、写真家のジュリア・ニムケは、地図ではなく古い言い伝えを頼りにイギリスの広大な国立公園を訪ねるユニークな旅に出た。1年をかけた写真検索プロジェクト「民話 (Folk Tales)」の一環で、言い伝えによる場所と物語を記録するためヨーロッパ中を旅していた。

「イングランド、ウェールズ、スコットランドを運転しながら旅して、できるだけ美しい自然を体験したかった。遠く離れた場所や、あまり人が訪ねないところが大好き」と、ニムケは語る。

イギリスは温暖だが、変わりやすい天候で知られている。険しい地形、雨、そしてイギリスの旅ならではのものを常に用意してある、と言う彼女は、当然最悪の事態にも備えていた。「一番大切なのが重ね着。できる限りハイキングしながら見てまわりたいと思っていたので、持ち込んだ衣服はアウトドア向けばかりだった」

しかし、実際の旅は思った通りにはならないものだ。イギリスには珍しく穏やかな夏になったのである。ニムケは言う。

「驚いたことに、少ししか雨が降らなかった。8割方晴れたことは、ラッキーだったとしか言いようがない」

愛車のスプリンターと共にドーバーの港に着き、最初に目指した場所はストーンヘンジだった。マーリン(アーサー王に仕えた高徳の予言者・魔術師)がスコットランドから魔法で石を運んだという伝説があるが、4,600年の歴史の始まりはいまだベールに包まれている。次に進路を北西にとり、ブリストルを経由してウェールズに入り、広大なブレコン・ビー

コンズ国立公園を訪ねた。4つの山脈を臨む、ハイキング愛好者の憧れの地だ。古代の森フォレスト・バウル高地は、ユネスコ世界ジオパークに指定され、国際ダークスカイ・リザーブ(夜空観測に最適な暗い場所。世界でわずか20か所しか指定されていない)にも認定されている。

ニムケは移動の途中に見たもの聞いたものを、快適な車内で記録した。

「この車は完璧な『マイホーム』なの。過去数年間の数え切れない旅を通して、いいチームになった。必要以上に快適な設備や豪華な装備は要らない。いいマットレス、収納スペース、作業する机。これが私に必要なもの、全部よ」

ブレコン・ビーコンズ国立公園からは北西に向かい、ウェールズのアングルシー島を訪れた。この島は、ケルト人防御の最前列で魔法を使ってローマ帝国の侵略に抵抗した、ドルイド(古代ケルトの祭司)の魔法騎士団と関連付けられている。

イングランドに戻ると、荒地や石灰石の峡谷や盆地、多様な歴史文化に彩られた特徴ある地形を誇るピーク・ディストリクト国立公園に着いた。ラズ・チャーチも不思議な地形の一つで、深さ17メートル、長さは100メートルに渡る裂け目が岩盤を貫いている。古代の異教徒たちの祈りの場所と言われ、現在では夏至の正午になると、太陽の光がまっすぐ裂け目に届くことで知られている。次に訪れたのはカンブリアに位置するレイク・ディストリクト国立公園。ここは、険しい山々と細長い氷河湖で知られ、イングランド最大で最深の湖と新石器時代のストーンサークルが見られる。その一つが「ロング・メグと娘たち(Long Meg and Her Daughters)」で、伝説によると、魔女の集会をしていたメグたちは悪魔の魔法で石に変えられてしまった、とある。

リサーチの終盤はスコットランドの旅。まず首都エディンバラに行き、それからヨーロッパで最も人口密度が低いと言われる、自然美にあふれたスコットランド高地を訪れた。単独の旅行者かつ研究者として、道中、地元住民や各地からの旅行者と交流するのが楽しかった。

「ソロ旅では人々と関わることにすごく心を砕く。人と会話し、その場所に伝わる話を教えてくれる人を探すことは、プロジェクトのためにとても大切なことだから」

息をのむような
海辺の崖の景色
(右ページ)

インヴァネスを経由して、絵のように美しいスカイ島を目指した。この土地には数々の民話が伝わっている。民話には妖精のような神話上の生き物が登場するが、さまざまな地質形態にも妖精の名前が付されている。「ストーの老人(Old Man of Storr)」はニムケが最も興味を持っていた場所の一つで、49メートルの高さの尖った岩は巨人ストーの埋葬場所だと伝えられている。この不思議な岩を登れば、

Old Man of Storr
ストーの老人
Isle of Skye
スカイ島

Glencoe
グレンコー

Inverness
インヴァネス

SCOTLAND
スコットランド

Edinburgh
エディンバラ

GREAT
BRITAIN
イギリス

Long Meg and
Her Daughters
ロング・メグと娘たち

ENGLAND
イングランド

IRELAND
アイルランド

Anglesey
アングルシー島

Lud's Church
ラズ・チャーチ

Brecon Beacons
National Park
ブレコン・ビーコンズ
国立公園

Bristol
ブリストル

Stonehenge
ストーンヘンジ

Dover
ドーバー

FRA

湖のほとりに車を停める（上）
荒野にぽつんと一軒家（右）

海と本土（ブリテン島）のパノラマが目の前に広がる。旅の
ルートの最終地は、氷河と火山活動でできた雄大な渓谷、
スコットランド高地のグレンコー。別世界のような地形と、
地域の歴史文化を保存する藁ぶき屋根の民族博物館が有
名だ。

　バンライフの豊富な経験を通して、魅惑の旅を夢みる人
に向けて、ニムケは次のようにアドバイスする。

「サプライズへの余地を残すこと。もちろん旅の前に調査す
るのは良いことだと思うけれど、写真で見たことがない場
所を見つけることこそ、魅惑の旅だから」

大自然に眺め入る（トップ）
スコットランド、スカイ島は別世界（上）
柵にはカモメ（右）
緑に覆われたスコットランド高地の
曲がりくねった道を行く（右ページ）

平和の象徴、花柄キャンパーは冒険向き

　アメリア・フィッツパトリックは大学時代に愛するバンを探し始め、卒業後の生活の行方を考え始めた。しかし、当時の彼女はというと……。

「カリフォルニアまで車で行って、そのまま引っ越すのが私の夢。だけど、家賃も車のレンタル代も払えなかった」

　解決策は？　1977年製のフォルクスワーゲンT2ウェストファリアだ。

「財政上最も確実な投資になるし、安全な寝場所と移動手段を同時に手に入れられると思ったの」

　フィッツパトリックのバンは、デイジーの花柄が描かれたセージグリーン色。60年代後半に起きた平和運動の一つ、フラワームーブメント（flower-power movement）発祥の地、カリフォルニアにぴったりだ。50年間にわたるフォルクスワーゲン社とウェストファリア社のコラボレーションの象徴として登場したのが、1977年製のフォルクスワーゲンT2ウェストファリアで、「かつてないほど洗練されたRV車」と発表されたと想像できる。デザインのコンセプトは「大家族全員と身のまわり品すべてを家から家まで運べます」。また、休暇になれば「自宅から離れた家」となる。

　その内部は「キッチンシンクを含むすべて」の装備を誇っていて、シンクを含む造り付けのキッチン、ガスコンロ、クーラーボックス、水ポンプ、折りたたみ式のダイニングテーブルが備わっている。フィッツパトリックのバンにはそれらすべてがそろっていて、オリジナルであることを物語ってい

る。快適なソファは引き出すとメインのダブルベッドの土台に変身し、収納スペースにもなる。フィッツパトリックも気に入っているポップアップする屋根は、あっという間に天井を高くするだけでなく、シングルベッドとして使える中二階エリアになる。

「小さいスペースで暮らしていると、車内で立ち上がれるかはとても大切。正気を保つためにね。このポップアップのベッドがとても好きで、ここで寝ながら夜の涼しい風とすばらしい星空が楽しめる」

　内装は花柄のラグが敷き詰められたり、エレガントなランタンを取り囲むように曼陀羅柄の布が天井を覆っていたりと、ボヘミアンな外装とマッチしている。

カリフォルニアのアンザ・ボレゴ砂漠州立公園を見下ろす（右ページ）

「私のバンの装備には、ほかの人のと比べて取り立ててユニークなものはない。この手作りの小さなランタン以外はね。これ、いいアクセントでしょ？」と、フィッツパトリック。

　細かい点を挙げれば、木製パネル、格子柄の内装にマッチしたくすんだオレンジ色のカーテン、70年代風のオリーブ色のキャビネット、そして同じように素朴な色合いのストライプのソファカバーなどが目を引く。

　この信頼できるバンに乗って、フィッツパトリックはユタ州の砂漠からジョージア州南部の山々まで、アメリカ中を冒険してまわった。旅の途中には数々の試練も成功もあった

カリフォルニアのビーチで目覚める(左ページ)
居心地のよい質感のインテリア(左上)
カリフォルニアを冒険中(右上)

が、バンライフの光と陰は途切れることなくつながっていると語る。たとえば、バンがロッキー山脈の頂上付近で故障した時にはパニックを起こしたが、直って走り出した時には「ユタの反対側に降りた時の純粋な喜び」に変わっていたのだ。

砂漠の真ん中でバッテリーが上がった時には、まわりに人影もなく、直ちに一人で充電する方法を見つけなければならなかった。

「やっかいな問題を切り抜けた時に味わう到達感ほど、すばらしいものはないと思う。正直言ってチャレンジのために生きているのよ。だからどんな『最悪』も、私にとっては同時に『最高』になる。それは私が私自身であることと、私のバンとの絆の証拠」

DETAILED VEHICLE INFORMATION —— 詳細車両情報 ——

　家族の休暇用にデザインされたこのバンは、魅力的な外観、フューエルインジェクションの2リッターエンジン設計だ。垢抜けたデザインの内部にはキッチンが完備され、大人2人、子ども3人が寝られる広さがある。時を超え、伝統的なスタイルであり続けるバンである。

製造会社	フォルクスワーゲン	製造年	1977年
形式	T2ウェストファリア	走行距離	177,000キロ (110,000マイル)

手作業で
板材を削り出した
民芸トラック

2010年、カイ・ワトキンズは古書店で『いい甲羅を持つカメもいる (*Some Turtles Have Nice Shells*)』という本にめぐり合った。この本は、1960〜70年代のヒッピー文化の一部となった、トラックの上にユニークな家を作った事例を紹介したもの。あざやかで奇想天外な木造トラックの写真から、彼女は新たな生き方のインスピレーションを受けた。

「すぐにこんなトラックを作ってみたくなった。でもまだ20代前半で、そんなプロジェクトをスタートするお金もスキルもなかったの」と、ワトキンズは思い出す。

しかしアイデアは固まっていた。近所の土地を購入するには高すぎたので、買う代わりに夜間の大工職の学校に通い、夢のプロジェクトのために可能な限りお金を貯めた。そして2013年、晴れてナビスター3800のオーナーになり、ゆっくりだが実りあるトラックのコンバージョンをスタートさせた。

ワトキンズは数年の夏をコミューン（生活共同体）で暮らし、同じようなオルタナティブ・ライフを求める人たちの協力を得てトラックの作業をした。

「どうしたら動く小さな住居に住める？　その答えを探す若者のコミュニティで暮らせたのはすてきなことだった。ポットラックパーティを開いたり、大きな焚火を囲んだりして親交を深めた。手を貸してくれる仲間たちといつも一緒にいられたのは本当にありがたかった」と、彼女は語る。

ワトキンズのデザインは、彼女が「ブリティッシュコロンビアの西海岸クラフトマンシップ」と呼ぶスタイルの影響を受けている。木こりや漁師が使う小さなキャビンにみられるレッドシダーの手割りシェイク（縦割り板の屋根材。見た目は機械製材のシングル材に似ているが、手で割るところが

異なる）や、再生素材を使う工法だ。

「できるだけ地元のものや回収素材を使いたかった。たとえば屋根と壁はシダー材の手割りシェイクでできているんだけど、シダー材は浜辺で見つけたもの。チェーンソーで大まかに切り、その後小槌と鉈で仕上げた」と、説明する。

完成品は木の屋根材に囲まれた小屋にタイヤを付けたようないで立ちで、まさにカメの甲羅のよう。

「シダー材のシェイクで覆われて道を走るトラックになんて、どれくらいお目にかかれるかしら？　見た人は必ず板が落ちてこないかと聞くけど、今まで1枚も失くしてないの！」

この家に入るのは後部の趣あるポーチから。これは歴史を意識したものだと言う。

「後部にポーチを付けたのは、ロマーニワゴン（ロマ族の居住型馬車）やホロ付きワゴンのように、ロマンチックなものにしたかったから」

曲線を描く数枚のガラスがはめ込まれ、上部を丸くカーブさせた木製のドアを開けて、トラックの中に入るのだ。内部は数種類の木材を組み合わせた懐かしさを覚える雰囲気で、誰をも温かく迎え入れてくれる。

「私は木工職人で、この地域特有の木を全種類使いたかった。このトラックに使われている木材はすべて20代に旅の途中で集めたものや地元の森由来のもので、その名前を全部言える」と、ワトキンズ。

回収素材の中には、100年以上前に建てられた家の窓、さらに古い照明スイッチなどもある。大きな丸窓の下のベンチ

「ブリティッシュコロンビアの西海岸クラフトマンシップ」様式に影響されたトラックの外装（右ページ）

後部のポーチから室内をのぞく(左ページ)
いつも景色を見ながら洗い物ができる(左上)
木製キッチンギャレーの片側(右上)

は、読書や昼寝に最適だ。タイル張りのアルコーブに据えられたフォレストグリーンの薪ストーブ、オーブンと磁器シンクのある機能的でコンパクトなキッチンは完璧だ。全体の印象はどこから見ても唯一無二かつ牧歌的で、おとぎ話の世界を彷彿とさせる。

「すごく長く建っているような家の造りにしたかった。たとえばバーバ・ヤーガ(スラブ民話に登場する魔女)の小屋のように。開拓者の小屋にタイヤを付けたような民家トラックをずっと心に描いていたの。このあたりをあてもなく流したり、いろんな美しい場所に住めるようにね」と、ワトキンズは締めくくった。

DETAILED VEHICLE INFORMATION —— 詳細車両情報 ——

地域特有の木材を使用し、奇抜な建築を施した木工コンバージョンで、このトラックを、60年代のサブカルチャーに影響を受けた「移動する家」に変身させた。外装部分は手割りのシダー・シェイク屋根材と後部のポーチに、内部は冷蔵庫、ガスコンロ、オーブン、見晴らし窓の下に大きな磁器製シンクが完備されたギャレー式木製キッチンに特徴がある。キッチンのすぐ隣にはアンティークな薪ストーブもあり、内部を暖かく居心地良く保っている。

製造会社	ナビスター	製造年	1992年
形式	インターナショナル3800	走行距離	380,000キロ (236,000マイル)

ゆったりワイルドな生き方へのサスティナブルな答え

2018年のこと。米国のカップル、フィオリーナ・ユリベリーとザック・マカルーソは、「初めての家」を持ち、「フルタイムで」旅に出たいという欲求にかられた。そして、27人乗りのシャトルバス、2003年製フォードE450を5000ドルで購入。すぐにタイヤ付きの小さな家にコンバージョンする作業を始めた。完成までには2年かかり、さらに5000ドルを使った。
「自分たちの自由奔放な美学に基づき、できるだけお金をかけずに何か違うことをしたいという気持ちで、バスのデザインとスタイルを考えた。できるだけむだを省いて、主に中古素材を使って、サスティナブルな改造に重点を置いたんだ」と、説明する。

バスを「ルナ」と名付け、元の白い外装は白とからし色のツートンに塗り替え、自由な概念を表現した。この仕上がりにはとても満足したようだ。
「まるで別物になった。どちらの色も二人の個性をよく表現しているんだ」

内部のレイアウトでは、いかに広いオープンスペースをとるかに気を配った。
「二人ともヨガが欠かせなくて、2枚のヨガマットを広げて練習できるスペースを取りたかった。寒い朝や雨の日に、外に出なくてもすむようにね」

もともとの大きな窓を利用して、自然光をたっぷり取り入れることにもこだわった。結果、それは二人の自慢の一つとなった。
「車内をなるべく広く明るくしたかったから、窓をふさぐような高いキャビネットは使わなかった。バスルームは納屋みたいなスライドドアにしたよ」

実験室にあるような個性的な黒いシンク、暖かな木目調と白とセージグリーンのコンビネーションの素朴な風合いのキッチン・キャビネットは、ビンテージ感を演出している。インテリアには枝編み細工のランプシェード、後部に据えたダブルベッドの上に掛けた曲がった木の杖(自慢の杖だ!)、小枝を利用した引き出しの取手、ほかにも草木が多用された自然な素材を取り入れ、オーガニックな雰囲気が強調されている。
「サスティナブルな再生品を使うことにこだわったことで、ユニークで多機能な空間を作り出すことができたんだ」と、いかにルナが特別であるかを説明する。

もう一つ、重力を利用した太陽光シャワーという珍しい設備がある。
「簡単な配管にしたくていろいろな部品を組み合わせてみたら、このシャワーに行き着いた。こんなのほかで見たことないし、すごくよく働いてくれるんだ!」

新雪の森に駐車する活力あふれる色合いのバン(右ページ)

運転席からの眺め(左上)
窓の外ではバイソンが草を食んでいる(右上)
居心地良い木製のインテリア。落ち着きがあり、
しかもポップなセージ色がアクセントになっている(右)

　憧れのモーターホームを手に入れたユリベリーとマカ
ルーソ。2年間、北米各地のロードトリップ楽しんだ。ワシ
ントン州、サウスダコタ州、グランドティトン国立公園、イエ
ローストーン国立公園、ほかにも米国内の数々の名所、メキ
シコも訪れた。道中1、2度レッカー車のお世話になった。
その一つは高速道路を走行中、後輪のホイールナットが外
れてしまった時だ。とても怖い思いをしたと言うが、この冒
険を総括するなら、解放と収穫の証となるだろう。
「最高なのは、どんなに離れた場所も美しい場所も『マイ
ホーム』と呼べること。自然の中、ルナと一緒にシンプルに
ゆったり過ごすよりすばらしいことは見当たらない」

DETAILED VEHICLE INFORMATION —— 詳細車両情報 ——

　スクールバスや路線バスとして使われることが多いフォードE450は、長さも高さも十分なスペースとカスタマイズの余地が多数あり、キャンパー・コンバージョンに最適だ。ユリベリーとマカルーソは、ナチュラル素材と気取らないスタイルを駆使し、E450の車体を上手に活用して、人もうらやむインテリアを作り上げた。印象的な窓を介して、外部と内部に相乗効果をもたらすルナは、「ゆったりワイルド」な生き方を信条とするカップルにとって最高の友である。

製造会社	フォード	製造年	2003年
形式	E450	走行距離	240,000キロ (150,000マイル) 以上

ボヘミアンとソーホースタイルの折表「BOHOスタイル」。中古品を使うことにこだわった（上）

商用バンを
誰もがうらやむ
マイホームに

ターン・ソーデンとリース・マークハムのカップルは、コロナ禍で海外旅行の計画を断念した時、初めてロートリップの魅力を感じた。そして大型の商用バン、イヴェコ・デイリー50C17を購入し、「どこに旅をしてもついて来る家」に変えた。ソーデンは言う。

「デザインから実際の作業まで、すべて自分たちだけで行った。たくさん血と汗と涙を流した後にできあがったバンを眺めた時は、驚きを通り越した」

作業中に二人が最優先したのは、実際に住むのに快適な空間を作り出すことだった。

「数年間はバンで楽しく暮らしたいと思っていたので、できる限り『マイホーム』を意識できる車にしたかった」と、ソーデン。つまり、料理好きの二人に相応なサイズのキッチン、仕事ができて好きな時にリラックスできるオフィス兼リビングルームが必要だったのだ。

「イヴェコ・デイリーは他の同じようなサイズのバンに比べて幅が広い。だからダブルベッドのマットレスを横向きに置けた」おかげで、よりオープンで広々としたリビングスペースが確保できた。

二人には明らかにデザインの才能がある。「オーキー」と名付けたバンは、8カ月後にどこを見ても「ミニチュアマンション」になった。インテリアは白を基調に淡い色の木の天井と床材。キッチンカウンターは濃い色の木材で、セット

フォード製のガスコンロがある。黒いスリムなブッシュマン製の冷蔵庫、エレガントな籐をあしらったキャビネット、コットンとリネンの生地、カラフルな色合いのブランケットが効果的に配されている。

「自分たちのカラーを前面に出してバンのすべてを演出したことで、他に類を見ない美しい仕上がりになったと思う。たとえばキッチン上部の棚に並ぶガラスの瓶は、運転中でも動かない。そう、頑丈なベルクロテープが良い仕事をしてくれるからね。ウクレレとギタレレ、それからターンが小さい頃にお父さんが作ったスパイスラック。全部が混じり合って良い雰囲気を出している」と、二人は説明する。

マークハムのお気に入りは、ベッド下の大型収納スペースだ。ダイビング、ハイキング用のアウトドア用品や2枚のサーフボードが入る大きさで、二人はここを「ガレージ」と呼んでいる。一方、ソーデンのお気に入りは落ち着けるキッチン。新しいレシピを考えたり、自然派の家庭用品やスキンケア商品のアイデアを練ったりする場所になっている。

二人は18カ月間、オーストラリア全域をオーキーと共に旅をした。

「このバンと一緒に、数えきれないほどすばらしい経験をした。どれが最高だったかって言われたら少し困るけど、この

海辺に駐車する
オーキーとお友達（上）

日当たりのいいベッドで本を読む（左上）
音楽を楽しむひと時（右上）
キッチンのスパイスラックはソーデンの父の作品（右）

ライフスタイルで一番好きなのは、すてきな人たちにめぐり
合えること。バンライフのコミュニティはお互いにサポート
し、いつでも暖かく迎えてくれた」
　一方、あまりよくない経験はほとんどないと、ソーデンは
笑いながら言う。
「すごくラッキーだったから『嫌な』思いは出てこない。強い
て言うなら、タンクに水をため、シャワーを浴びて、料理をし
て、掃除をして、買い物して、安全な寝る場所を探すっていう
日課は、なかなか疲れるものだったっていうこと」
　しかし、そんなことに二人は少しもめげていない。
「来年あたり、オーキーをニュージーランドに連れて行こう
と思っている」
　さらなるバンライフの計画を、熱く語ってくれた。

DETAILED VEHICLE INFORMATION —— 詳細車両情報 ——

　イヴェコ・デイリーの誕生は1978年にさかのぼる。長いホイールベースと広い荷室、無限のレイアウトの可能性を秘め、コンバージョン・キャンパーの有能な土台になる車だ。重い荷物を運べる設計で、力強いエンジンはタイヤ付き家の重みに耐え、どんなオフロードでも果敢に走れるほど頑丈である。ソーデンとマークハムは商用バンの荷室の広さを最大限に活用して、アドベンチャー用ギアすべてを納める隠れ収納スペースを据え付けた。

製造会社	イヴェコ	製造年	2014年
形式	デイリー 50 C 17	走行距離	110,000キロ (68,351マイル)

隠れ収納スペース付きフルサイズの
ダブルベッドと、白を基調にした
居心地良いインテリア（上）

遊び心満載の
多目的スプリンター

ドイツのカップル、フランク・ストールとセリーナ・メイは、2016年にオーストラリアを旅した時に初めてバンライフに魅せられた。ヨーロッパに戻ると自分たちのバンを持つことに決め、フォルクスワーゲン・トランスポーターをオークションサイト、イーベイで購入し、夢のタイヤ付きの家にコンバージョンした。それから数年後、現在2歳になる息子、フィーテが家族に加わったことで「家」の拡張が必要になった。

「もっと大きなバンを改造することにして、2015年製のメルセデス・ベンツのスプリンター316を買った。ブルーノと名付け、家族3人が旅するのに完璧なバンを目指したんだ」

スプリンターは多目的用。その大きくて奥行きの深い車内と頑丈な造りで、キャンパー・コンバージョンの土台として人気のタイプである。

「買ったばかりの状態は、中に何もないただの大きな白い箱だったよ」

しかし、以前もバンをコンバージョンしスキルが身に付いていた二人は、生活空間をカスタマイズするうえで、家族でのバンライフに必要なものを熟知していた。

「今の状態になるまで約1年かかったけど、完全に自作した窓をはじめ、フル装備のキャンパーになった」と、ストールは言う。

ブルーノの外装は上部が白、下のほうは深いグリーンに塗装し、カーキ色と濃いオレンジ色のストライプを入れて、1970年代の趣を演出した。

「バンは後輪駆動車だけど、ほかに二つとない走りの良いキャンパーに見えるようにね」

内部に目を向けると、白の明るい壁、イロンバ（西アフリカの樹木）とポプラ材の淡色の合板を組み合わせた木工家具。スペースの最大化に関しては傑作と言える。

「どんな状況でも家族全員が楽しい時間を過ごせるような空間を作りたかった」と、二人はその目的を説明する。

車の後部には、十分な収納スペースを確保するために高く据えられた食卓エリアがある。この食卓の椅子は長いソファベッドでできていて、夜は家族の快適なベッドゾーンへと変身する。前方にはシンク、大型の冷蔵庫、収納スペースを備えた広いキッチンがあり、カウンタートップは木材とテラゾ（セメントに砕いた大理石を混ぜたモザイク仕上げ）でできている。

家族みんなの 遊びの時間（右ページ）

「キッチンはルックス面も機能面でも二人のお気に入り。普段は隠してあるけど、便利なスマートトイレもあるよ」

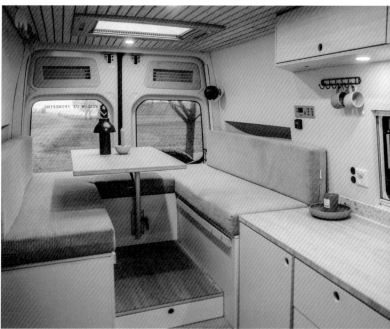

霧が立ち込める朝の眺め(左上)
明るく広いインテリアは収納名人(右上)
後部キッチンの引き出し収納(右)

フィーテが遊べる床、スペースも十分広く、ルーフラックに
取り付けたブランコは、バンのサイドドアを開けて遊ぶオリ
ジナルスタイルだ。
「フィーテには滑り台もある。高い床のバンに自分で乗り降
りできるようにね」
バンの後部には引き出し式の椅子があり、メイとストー
ルはそれぞれ、そこで気ままにリラックスできる。屋根には
木製パネルのテラスがあり、周囲の景色が堪能できる。今
までにドイツ、オーストリア、スイス、イタリア、スロベニア、ク
ロアチアを訪れ、絵に描いたように美しい道程とバンのコ
ンバージョン記録をインスタグラムに投稿して、多くのフォロ
ワーの羨望の的となっている。
「ブルーノではまだ、最良の経験も最悪の経験もしていな
い。純粋にバンライフを愛しているから、自分たちだけのや
り方でまだ見ぬ最高の世界を見つけていきたい」
こう語る二人の言葉は、最近バンにまた新しい機能を追
加したことを考えれば、大げさではない。

DETAILED VEHICLE INFORMATION —— 詳細車両情報 ——

　自分のキャンパーをゼロから作ろうとしている想像力豊かなバンライフ愛好家にとって、スプリンターは理想的な車である。背の高い内部はあらゆるタイプのレイアウトを可能にし、このモデルのCDI点火式エンジンは低燃費だ。メイとストールはスプリンター316を完全に自分たちのものにした。取り外し可能な子ども用ブランコをはじめ、リビング、ダイニング、ベッドルームへと変身する後部スペース、出し入れしやすい豊富な収納スペースなど、独創的なアイデアで家族向けにカスタマイズしたのだ。

製造会社	メルセデス・ベンツ	製造年	2015年
形式	スプリンター 316 CDI L2H2	走行距離	170,000キロ (105,633マイル)

水辺の「ポーチ」でダイニング（上）

ジョージアの
シルクロードで
時をさかのぼる

古代回廊の痕跡を見つけられるのか。ミレーナ・ファン・アレンドンクとユリ・ジョーンズは、愛するフォルクスワーゲンでシルクロードをたどる。

ジョージア

ミレーナ・ファン・アレンドンクとユリ・ジョーンズは、45年もののフォルクスワーゲンのバンと共にジョージアを旅した。広範囲にわたるシルクロードの一部をたどる旅路だ。バンの名は「アレクシン」。オランダ人冒険家、アレクシン・ティネにちなんで名付けられた。二人の旅は2021年3月、オランダのハーグから始まった。このストーリーを書いている現在はイランにいる。

「シルクロード沿いに走り、古代の道の痕跡が持っている場所を探そうと思っている。たとえばジョージアに残る最後の養蚕農家とか」と、その野心を語る。

さかのぼること紀元前2世紀。中央アジアと中東を貫いたシルクロードは、約1500年もの間アジアとヨーロッパを結ぶネットワークの中枢を担った。

二人の旅のきっかけは、マルコ・ポーロについての本だった。「彼のことより道そのものに興味を持った。人々が行き来しただけでなく、物資や文化、疫病をも運んだ古代の道路が、現代社会にどれくらい影響しているのか。古代の道が残したものを、見て体験したかった」と、ファン・アレンドンクは説明する。

東西世界が交差するジョージアには、シルクロード上の重要なスポットが多数あり、すばらしい自然もふんだんに見られる。

「ジョージアの見たこともない自然に、頭がぶっ飛ぶ思いだった」と、二人が驚いたほどだ。

二人は多くの場所に滞在した。14世紀に建てられたゲルゲティ・トリニティ教会があるステパンツミンダに寄り、ア

バノ峠（コーカサス山脈を越える最も高い道路の一つ）、ジョージア東部のヴァシュロヴァニ国立公園の渓谷と山なみ、シルクロード古代の宿場町シグナギ、侵略者を防ぐ要塞として機能した12世紀の洞窟都市ヴァルジアを訪れた。さらにジョージア北西部に移動して、町の防御塔で有名なウシュグリ、湖のある高地の町メスティア、ソ連時代の保養地だったジョージア中西部のツカルトゥボをめぐった。

45年もののペルシャ風ターコイズ色のフォルクスワーゲンでの旅は、地域の歴史以外にも数々な学びがあった。「道中、このアレクシンは最高にすばらしい家になる。とてもベーシックな装備だけで、キッチンやトイレ、それに立ち上がるスペースもないけれどね。ベッドとして使うソファとキャビネットが少しあればそれでいい」

二人が言う家としての満足度とはうらはらに、アレクシンの車齢と造りは数々な試練を課した。普段はマイルドな夏期の予想外な熱波、ジョージアの埃っぽい道路は難敵だったのだ。

「アレクシンは埃と熱に慣れていなくて、機嫌が悪くなった。旅の前にメカニックの勉強はしておいたけれど、本当の勉強は旅をしながらだった」

ジョージアの旅は試練続きだったが、車が故障したことで地元のフォルクスワーゲン愛好家コミュニティと長く付き合うきっかけになった。

「アレクシンは険しい道路も果敢に走り通してくれたけど、砂漠地帯で壊れたんだ。不幸にもこの国ではドイツ車のパーツは手に入らない。でも幸運にもフォルクスワーゲンのファンクラブを見つけて、すごく仲良くなった。彼らは信じられないくらいすべてにおいて助けてくれて、アレクシンはすぐに直ってしまったよ」

この経験で二人は今まで以上に楽観的になり、逆境を乗り越えた時こそ成長するという信念が裏付けされた。「古いバンはしょっちゅう壊れて、次に何が起きるかわからない。だけど、それがまた冒険の旅の一部になるところがいい」

今までの旅を振り返ると、道中に受けた地元の人々のサポートと親交に、二人はとても感謝している。

「私たちを助け、応援し、招いてくれる多くの人たちに会った。彼らは、旅行者が他人の親切に頼れる『シルクロード』が健在であることを示してくれた。ある所から別の所に旅をするのは簡単だ。しかし、どこに出るかもわからない知らない道を行くことは別な話。車が動かず、見知らぬ人にけん引してもらったこともある。迷子になることは日常茶飯事だったけど、次の行き先を決めるためにお茶に呼んでくれたり、車が故障したら人々が駆け寄ってきて助けてくれたりするんだ」

ジョージアのウシュグリは石造りの歴史的な村（右ページ）

山中の町ステパンツミンダのゲルゲティ・
トリニティ教会へ向かう道中に神廟がある（左ページ）
ジョージア高地の湖沿いに走る（上）
休んでいると夕暮れ時がやってくる（左）

　彼らの思いは、紆余曲折を経てこの旅のヒントをくれた有
名な探検家に戻ってきた。
「当時は車が跳ねる感覚こそなかったものの、砂嵐が行く
手をふさいだり、バンではなくラクダが進むのを嫌がった
り、国境警備隊ではなく盗賊が回り道を強要したり。きっと
マルコ・ポーロも同じような経験をしただろうね」と、感慨深
げに語ってくれた。

GEORGIA
ジョージア

RUSSIA
ロシア

Mazeri
マゼリ

Mestia
メスティア

Ushguli
ウシュグリ

Stepantsminda
ステパンツミンダ

Juta
ジュタ

Tushuti 国立公園
Tusheti
National Park

Tskaltubo
ツカルトゥボ

Abano pass
アバノ峠

Vardzia
ヴァルジア

Borjomi
ボルジョミ

Tbilisi
トビリシ

Sighnaghi
シグナギ

Vashlovani
National Park
ヴァシュロヴァニ国立公園

TURKEY
トルコ

ARMENIA
アルメニア

AZERBAIJAN
アゼルバイジャン

太古のシルクロード沿いでピクニック（上）
青い湖に溶け込むアレクシン（右）
数あるジョージアの険しい峠道の一つを
上空から眺める（右ページ）

元スクールバスに
乗り込んで
家族で出発！

ベンとマンデーのタッカー夫妻は、冒険心と自然に対する感謝の気持ちが高まって、2016年にバンライフを始めることを決めた。ぴったりの車を探し当てるのにそう時間はかからず、1992年製ナビスター・インターナショナル3800を手に入れた。「ファーン（fernシダの意）」と名付けた元スクールバスは錆もほとんどなく、驚くほど総走行距離も少なかった。数年前、友人と共にスクールバスをリビルドしたベンにとって、コンバージョンはお手の物。彼とマンデーはファーンを「旅する家」に変身させることに、熱心に取り組んだ。

コンバージョンには1年をかけた。明るい黄色だった塗装は爽やかなミントグリーンと白に塗り替え、内装は「スクールバスから『スクール』を排除」するため、内臓を抜いた（つまり座席を取り除いた）。

こうして、内部は広く快適な居住空間となった。アカシア材の床に白く塗装されたマツと無垢のシダー材の家具が並び、銅製のカーテンレール、集積材を使った頑丈なカウンタートップ、切りっぱなしの木材がアクセントになっていて、いまやスクールバスの痕跡はまったく見当たらない。バスの内部空間には包容力があり、時間と共に特に重要な要素になった。米国ミシガン州を拠点とする二人は今、この先ずっとバンライフを共にする4歳のソーヤーと1歳のエデンの親となったからだ。

「年を重ねるにつれ、時が経つのがどんどん早くなっていく」と、タッカー夫婦は言う。

「習慣とお決まりの日課のせいで、ワープするように時の経過が加速する。だからこの車を造って旅することで、停滞した日々を刺激し、ギアを切り替え、新しい方向に勢いよく舵

を切ろうと決断した。今はこのライフスタイルで、自分たちのやり方で生きようと努めている。時間があれば、いつでも旅を再開する余裕もある」

子どもがいるということは、冒険好きな二人の突発的な行動は控え、旅先では毎日すべきことがさらに増える、ということを意味する。

「だから、バスのシステム全体とフロアスペースを整理した」

たとえば就寝スペースを後部に収めること、キッチンを整えること、布張りソファには隠し収納を備えること。工夫をこらしたのは、ファーンの23.2平方メートルの居住スペースを1ミリたりともむだにできなかったからだ。もちろん子どものための設備も忘れない。

「二人とも、昼間は収納できる快適なベッドを持っているし、お菓子はいつでも手の届くところに用意してある」

ここ数年間で、タッカー家族はファーンと共に、サウスダコタ州のバッドランズとブラック・ヒルズ、ユタ州、ワイオミング州、モンタナ州などを冒険した。旅のハイライトは、氷河をハイキングし、カナディアン・ロッキーの名も知らぬ湖でつがいの水鳥と並んでパドルボードに乗ったこと、イエローストーン国立公園の不思議な風景を見たことなどだ。バスの後ろのラックで運ぶ電動自転車は、駐車中の移動手段となる。シダー材のルーフデッキにはパドルボードを括りつけているが、テラスとしてピクニックや星空鑑賞の場にもなる。取り外しができるポールを立てれば、テラス上でハンモックを吊るすこともできる。

ファーンの大排気量ディーゼルエンジンは「安定した働き

ルーフデッキはテラスとパノラマ展望台の二役を果たす（右ページ）

室内は暖かみのあるマツ、シダー、
アカシア材（左ページ）
ベッドから窓越しに山を見る（左上）
車内にスクールバスの痕跡はない（右上）

者。レースでは勝てない
けどね」と、タッカー夫
妻はジョークを言うが、
ファーンと子どもたちに
は愛情深くスローな旅の価値を教わった。二人は言う。
「その時々に違った自分たち自身を見出し、その場の環境

に満足を感じられるようにしている。家族全員でもっとキャ
ンプファイヤーを囲んで、もっと日の出を見て、山あいの川
でもっと泳いで、自分たちの国と人々をもっと知りたいと夢
見ている。この先何十年もファーンと一緒に旅を続けられ
るように願っているよ。ファーンの総走行距離はまだ短いし
コンディションも安定しているからね」

DETAILED VEHICLE INFORMATION —— 詳細車両情報 ——

　ファーンは、ナビスター・インターナショナル社がイ
ンターナショナル・ハーベスター（IH）社を買収したの
ちに発表された、第2世代Sシリーズのスクールバスで
ある。IHスクール・マスターを再設計した新しいバス
は、より空力性能の良いボディを持ち、キャンパーへの
コンバージョンに適した広い室内を引き継いだ。コン
トロールしやすい5速マニュアル・トランスミッション、
信頼性と耐久性で知られる自然吸気で機械式イン
ジェクションのエンジンで、ファーンは家族のスロー
な旅行にぴったりの「愛馬」となるだろう。

製造会社	ナビスター	製造年	1992年
形式	インターナショナル 3800	走行距離	75,640キロ (47,000マイル)

西海岸
アドベンチャー仕様の
機能的SUV

　5年前、テイラー・メイは家族とフルタイムの旅に出るため、持ち家と所有物すべてを売り払った。そして、旅立ちのために役立ちそうな、トヨタの4ランナー（和名ハイラックスサーフ）を購入。

「旅に必要な装備を見極めたかったので、最初は豪華な装備はなし。時が経つにつれて経験値も上がってきた。今はアウトドアでの冒険に時間を費やしているから、車もそれに合うように進化させているの」と、メイは言う。

　数年のうちに4ランナーの機能的なデザインは、機械いじりが得意なメイの夫に手によって長距離の旅とキャンプ中心の生活向けにさらに洗練されていった。屋根には寝場所となるポップアップ式のテントを備えた。

「4ランナーを長距離走れるように改造したけど、同時に人里離れた自然の中のキャンプサイトに行けることも大切。どちらも叶う車なんて、最高でしょ。国を横断できて、荒野や山のど真ん中でも、自分たちだけで好きなだけ幾晩も過ごせるのよ」

　デザインのコンセプトはシンプルさで、窓には鮮やかな黄色のストライプラインを入れ、いくつか装備を増やし、屋根にポップアップ式テントを設置したぐらいだ。

「私はキャンプに関してはミニマリストで、外に出て自然を楽しむのが好き。大きなテントの中を散らかしたり、キッチンの使い方にこだわったりするよりもね」

　メイのこのコンセプトのおかげで、どんな天気の日も景色を楽しみながら食事の準備ができる。車の後部に設置されたカウンタートップ付きの引き出しから食べ物を取り出して食事を準備したり、携帯用のアウトドアグリルを使ってトルティーヤをひっくり返したり。小さくまとめたこのセットアップを考えると、ロードトリップにいかに狭いスペースでの暮らし方の秘訣が潜んでいるかがわかる。

「私がこの車で気に入っているのは、引き出しシステム。旅先での整理整頓はとても大事だと最初の頃に気づいた。キャンプサイトに着いた時、必要なものがすぐに取り出せるのはすごく助かる」

　何年にもわたる旅で、メイは必然的にアメリカ西海岸のさまざまな地形を走破するエキスパートになった。厳しい教訓も得た。その一つは、カリフォルニアで雪に埋まって動けなくなった時。

「その日は山間の湖を訪ねたくてドライブしていたんだけど、私はまだ経験が浅くて、しかも準備不足で危険を冒してしまった。行きすぎて深い雪にはまり、山から下りられるようになるまで車を掘り起こさないといけなくて、この旅の後、脱出用の装備をすぐに買っていつでも使えるようにした。しっかり準備すること、車と自分の運転スキルを知っておくことはとても大切。良い教訓になった」

米国オレゴン州にて。ワシントン山が遠くに見える（右ページ）

山並みに囲まれて(左上)
オレゴン州。アルボード砂漠でランチを作る(右上)
ネバダ州オースティン近辺で雪中キャンプ(右)

　家族旅のプランは、ここ数年で変わってきた。最近では、メイは冒険リーダーとして息子たちに砂漠、人目につかない湖、緑豊かな森を経験させるため、西海岸の変化に富んだ各地を訪れている。メイは言う。
「この愛車は、アメリカ国内の知らなかった場所をたくさん私たちに見せてくれた。テントの窓を開けて、みごとな日の出を眺め、キャンプファイヤーを楽しみ、今ここにいられることに感謝する。純粋にすばらしいことよね。こんなことができる人はそう多くない。貴重な経験が何度もできるなんて、すごくラッキーだと思う」

DETAILED VEHICLE INFORMATION —— 詳細車両情報 ——

　トヨタの4ランナーは、そのコンパクトさとオフロード走破性に定評がある。ほとんどのオーナーはこの車にフルコンバージョンを施すが、メイの車はスムーズな走りとアウトドアで過ごす時間を増やすことを目的とし、ロードトリップに必要最低限の改造にとどめている。後部に設置した引き出し式の棚は、旅に必要なものや道具類を整理して収納でき、引き出しておけば、携帯用グリルを置くカウンタートップにもなる。

製造会社	トヨタ	製造年	2018年
形式	4ランナー (和名ハイラックス サーフ)SR5	走行距離	214,252キロ (133,130マイル)

オレゴン州東部。
ポップアップ式テントから
日の出を眺める(上)

美しいストライプが人目を引く青いバン、「ブリ」

スイスのバンライフ実践者イザベラ・シュワガーは、1974製のフォルクスワーゲンＴ２Ｂバス（ドイツでは「ブリ」という名称で知られている）を14年前に手に入れた。

「前のオーナーはずいぶん長い間所有していたみたい。私が3番目か4番目のオーナーだと思う」と、話す。

バスは鮮やかなブルーで塗装され、それより少し淡いブルーの2本のストライプが車体中央を段状に走っている。1970年代の造形だ。

「このレトロなストライプはとってもユニークで、こんなバスはほかに見たことがない。バンを目立たせるし、見た人は微笑んでくれるか、『いいね！』サインを送ってくれる」

内部は改装された。

「前のオーナーはウェストファリアのオリジナル装備を取り外してしまった。ちょっと残念だけど、この仕上がりははっきり言って前より好き。長旅には欠かせない収納スペースがたくさんあるから」と、シュワガー。

購入した時、バンの床と壁にはカーペットが施されていたが、最初にそれらを取り除いてカーペットを一新した。そして内装はクリーム色と木目調で、暖かみがあって心地良い。カバーはセルリアンブルーで、外装のカラーリングとよく合っている。

「雨が降っても座って食事ができるし、土砂降りになったらダイニングセットをベッドに変えて寝られるの」

しかし天気の良い夜は、クラシックなウェストファリア独特のポップアップ式屋根に内装されたセカンド・ベッドで眠ると言う。

「ブリにベッドが2つあるのはお気に入りの一つだから」

青と白のストライプのオーニングは彼女の自作で、大好きなものだ。ブリのサイドからせり出すシンプルだが効果的なデザインで、3本のポールに支えられて車の入口と車内キッチンの正面に臨時のポーチを作り出す。そして、暖かい日にはそこにテーブルと椅子を出して食事をとる。

「私の眼にはオーニングは大当たりだと映っている。こんなふうにうまくできてとても誇りに思うし、1970年代の雰囲気も増し増しよね」

山のふもとでキャンプをセッティング（左ページ）

バンライフを熱烈に支持するシュワガーは、オフグリッド生活の楽しさを分かち合うため、コロナ禍に自身の会社「バン隠れ家 (Van Retreats)」を起ち上げた。この隠れ家は、バンのオーナー（レンタルも含め）たちに日々ヨガやピラティスをリモートで指導し、「日常の喧騒とストレスを捨て、自然と調和しながらシンプルな暮らし方を楽しむ」機会を提供している。

隠れ家にかかわらない時はいつも、大好きなブリでアドベンチャーに出る。ブリと共にスイス、オーストリア、ドイツ、フランス、イタリア、オランダ、ベルギー、ルクセンブルク、クロアチアを旅したが、今までに2度しか故障していない。「ブリの年式を考えてみて。14年間で故障がこんなに少ないなんて、記録だと思う」

彼女はそう言うが、努力が求められることもあった。一番大変だったのは泥で動けなくなった時。

「でも、よくあることだし、助けてくれる親切な人たちにたくさん会えるから大丈夫」

DETAILED VEHICLE INFORMATION —— 詳細車両情報 ——

　シュワガーのフォルクスワーゲンT2Bのすばらしさは、そのストライプの塗装と、クラシックなウェストファリアの内装をより広々とさせたアレンジにある。タイプ2のポップアップ式屋根はバンライフには貴重な天井高と二つ目のベッドを、シュワガーが作った青と白のストライプのオーニングはバンの入口付近にチャーミングなアウトドア・ダイニングを作り出す。フロントにマウントされたスペアタイヤは1970年代風だ。リアにはマウンテンバイクをマウントして運べるようになっている。

製造会社	フォルクスワーゲン	製造年	1974年
形式	T2B	走行距離	349,228キロ (217,000マイル)

ポップアップするベッドルームは
景色付き（上）
夕暮れ時、オーニングと照明が
金色の光に映える（右ページ）

163

どこでも映える
採光が自慢の
メルセデス・ベンツ

ドイツのカップル、ゾーイー・ホップストックとオスカー・サイモンは、デュッセルドルフの大学で、それぞれ建築工学と機械工学を専攻していた。ロードトリップで生活することを夢見始めたのはその時だ。

「自分たちの手で改造したバンでヨーロッパ中を旅したいと、ずっと思っていた。頑丈で多機能、車内は広いけれど村の小道も通れるように横幅はあまり広くない。それが僕らのバンの条件だった。なかでも一番重要だったのは、雨の日でも快適にすごせるスペースが確保できること」

そう言う二人は2020年、条件をすべて満たす車を見つけた。メルセデス・ベンツ・スプリンター313で、そのあざやかなオレンジ色から「オレンジジュース」と名付けた。

「まさに一目惚れだった。1年後に大学を卒業した後、たった2カ月でコンバージョンしたよ」と、器用な二人は語る。

コンバージョンの目標は多機能性だ。

「フルタイムでバンライフをする完璧な車にするために、車内のデザインは多機能性を重視したかった。デザインは、フレンドリーでオープンな空間コンセプト。これから訪れるどんな場所にも合うように明るく、装備は最小限するように心がけた。こうすることで、日光と影の相互作用が生み出すパターンが車内に降り注ぎ、デザインに一役買ってくれた」

スプリンターの室内は、1枚板のオーク材カウンタートップ、木目とオフホワイトの壁。広く洗練されていて、厚めのリネンでできた後部カーテンとシートカバーなどがさらに魅力を増している。

「これらのアイテムでバンは小さなマンションに変身したよ」

横に大きい窓のおかげで車には十分に光が差し込み、二人は旅の間、変化し続ける風景を楽しめる。

「この光効果は、他に二つとない特徴だろうね」と、二人は満足げに語る。

キッチンもまた特別だ。

「おいしい食事と来客の接待に重点を置いたから、作業スペースが十分とれる広いキッチンスペースを確保した」

こう説明するダイニングエリアは非常に広く、調理エリアと多人数のゲストが座れるように長いベンチを完備した。

**景勝地に停まっていると
ひときわ目立つ
（右ページ）**

「じつはこのベンチはダブルベッドになるんだ。しくみはとても簡単で、数人なら食事したり作業したり、夕方から夜へ陽が傾くのを眺める場所になる」

だが、ホップストックとサイモンの一番のお気に入りは、バンのルーフトップテラスで、「日の出、夕陽、星空を楽しむの

共に旅する最高の友（左上）
ゲーム休憩（右上）
水辺で朝食を（右）

に完璧」と表現する場所となった。スプリンターの多機能な内部同様、テラスに設置した太陽光パネルも二刀流で、折りたためばルーフトップでくつろぐ人の背もたれになる。

　現在までに、この人目を引くオレンジジュースで訪れた国は、ドイツ、スイス、イタリア、アルバニア、ギリシャ、マケドニア、モンテネグロ、ボスニア・ヘルツェゴビナ、クロアチア、スロベニア、フランス、モナコ、スペイン。
「最悪だったのは、アルバニアの川床で動けなくなったこと。ありがたいことに地元の人がショベルカーで引っ張り上げてくれて道路に戻れた」

　幸運なことに、ホップストックとサイモンのバンライフの最高の思い出もこのアルバニアの旅の最中で「きれいな海辺にバンを停め、浜辺に寝っ転がって、翌朝牛に起こされた」時のことだと言う。

DETAILED VEHICLE INFORMATION —— 詳 細 車 両 情 報 ——

　丈夫で信頼でき、十分な採光が確保された広いスペースを持つスプリンターは、デザイン感覚が高いキャンパー・コンバージョンのプロの人気の的である。他のモデルと同様、その形式の「313」とは、耐荷重（3トン）とエンジンパワー（130馬力）を意味し、「コモンレール式（高圧化した燃料を蓄え、各インジェクターへ均一に供給するシステム）」ディーゼルエンジンを搭載している。オレンジジュースの洗練された改装内部は、トータルな改造がしやすいスプリンターの特性をうまく生かしていて、上品で多機能なデザイン。まるでワンルームマンションのようだ。

製造会社	メルセデス・ベンツ	製造年	2008年
形式	スプリンター313 CDI L2H2	走行距離	220,000キロ (136,700マイル)

地元のバンとおそろいの
オレンジジュース（上）

プジョーを
田舎の山小屋風に
コンバージョン

コナー・ラウンズとマティー・ハナホーのカップルは、仕事のためにアイルランドからイタリアに引っ越すことを決めた。その際、新しいバンで新たな人生を始めるチャンスを逃さなかった。以前コンバージョンした車を売り払い、2020年の年末、ミラノに到着してすぐに次にコンバージョンする車を探し始めた。するとまもなく1972年製プジョーJ7が見つかる。その車は小型で独特な前輪駆動に、青と白の塗装。二人の条件を満たしていた。

「すぐに手に入れ、ミラノの道路上で改造を始めた。工具もスペースも限られていて、通りかかる人はおもしろそうに見ていたね。みんな道具をくれたり貸してくれたりと、寛大な人たちだった」と、二人は回想する。

故障を避けるため、バンの配管と配線に可動部品と電気部品を極力使わないようにした。

「シンクにある蛇口は足踏み式のポンプで水が出る。電気は配線の代わりに、太陽光パネルで発電して大きなバッテリーを充電するタイプにした」

ほとんどが無料の材料か廃品で改造した前回のコンバージョンを踏襲し、プジョーの内装にもパレット古材を使用し、「シンプルかつ荒削りなデザイン」を目指した。「素朴な雰囲気」を簡単に演出できるパレット古材で、ビーチ・バンガローか山小屋風にするのが目標だったと言う。キャビネットまわりも同じ雰囲気で、ジュート縄のハンドルを付けた引き出しやキッチンの棚に置いた枝編み細工のバスケットなどが「カントリーシック」なイメージを強調している。バンの後方はベッドスペースで、ベッドの下には大きな収納用バスケット。ベッドフレームは引き出し式で、後部ドアを開ければアウトドアのキッチンカウンタートップにもなる。カバーとファブリック類は温かみのある茶系、さび色、海のような青色、褐色、クリーム色。それらが木造りの車内に合い、自然が息づく居心地の良い空間空を作り上げている。

「このバンの一番のポイントは、パノラマのように景色を見渡せる窓。自然光をたくさん取り込み、どこに駐車していても見晴らしが良くて車内の雰囲気はすばらしい」と、ラウンズとハナホーは飛び抜けて広いプジョーの開口部のメリットを説明する。

旅の途中、自然の一部となる(右ページ)

内部には薪ストーブも設置した。

「煙突から煙が出ているのを見て、首をかしげる人がいる」と笑うが、人目を引く理由はこれだけではない。

「このモデルはこのあたりではあまり見られない。古いデザインはどこにいても旅行者の好奇心をそそり、それが会話

コーヒーを飲みながら景色を楽しむ（左上）
バナナパンケーキで休憩（右上）
本日の薪割り、完了（右）

のきっかけにもなる」

　バンは古く、このモデルはゆっくりとしか走れない。当然エアコンやクルーズコントロールも付いていない。しかし、このような「短所」があるからこそ唯一無二の旅になる、と二人は言う。

「スピードが出ないから、必然的に幹線道路は走れず裏道を行かざるを得ない。でもこの裏道こそ、予期できない最高の冒険の始まりの場所なんだ」

　旅行中、改造は続けながらもイタリア、スイス、オーストリア、クロアチア、スロベニア、ボスニアヘルツェゴビナを探検した。

「町から遠く離れた美しい場所に停車して、少し疲れた体でワインを飲むこと。それがこの旅の最高の時間。バンと共に旅してきて、今までに嫌な思い出はほとんどない。エンジョイできなかった思い出をくよくよと考えたくないしね」

DETAILED VEHICLE INFORMATION —— 詳 細 車 両 情 報 ——

　プジョーJ7は1965年から1980年まで製造された。コンパクトな前輪駆動車で、万能な独立懸架装置、広い荷室、修理しやすいエンジン、軽快で快適な運転席などに特徴がある。J7はフォルクスワーゲンの同程度のモデルよりも安く、室内が広い上にレトロ感も感じられる。オリジナルJ7の車内にはプラスチックが多用されているが、ラウンズとハナホーはパレット古材と自然素材を用いて「田舎の山小屋風」に改造した。

製造会社	プジョー	製造年	1972年
形式	J7	走行距離	110,000キロ (62,137マイル)

景色に見とれる時のポーズ（上）

旅行者の
いない道で
恋するギリシャを
探検する

**バレリア・ピクスナーとルーカス・アンターホルツナーは
地球探検家。二人が冬を過ごす場所は、ギリシャ以外
に考えられない。**

ギリシャ

　旅行者が通らない道は思ったよりも身近にある。バレリア・ピクスナーとパートナーのルーカス・アンターホルツナーがバンライフの虜になったのは、アメリカ、オーストラリア、ニュージーランド、パタゴニアを、レンタルしたRVで初めて旅行した時だった。しかし忘れられないのは、冬のギリシャで合計10カ月を過ごしたロードトリップだ。記念すべき最初のギリシャ旅は、じつは予定外の旅だった。2020年春、二人はイランとモンゴルへ行く計画を立てていたのだが、コロナ禍でプランの変更を余儀なくされたのだ。
「ここ数年間、世界中の美しい国を旅したけれど、冬に訪れた初めてのギリシャが、今までで一番のお気に入りの旅になった」と、ピクスナーは話す。
　二人のオフロード・キャンパーは、1990年製トヨタ・ハイラックスLN105ダブルキャブで、寝室、キッチン、リビングルーム、トイレが完備され、水タンク、リチウム電池、太陽光パネルも付いている一台完結型だ。ギリシャの旅はすばらしかった。四輪駆動で車高も高いので悪路でも思い切って走破でき、町から離れたキャンプサイトに簡単にたどり着けた。一方、車幅はスリムなので、狭い田舎道も安心。冬季対策も万全だったので、雪が降っても問題はなかった。
「ギリシャは冬でも暖かいと思われがちだが、ビーチでさえ雪が降るのは珍しくない。2回ギリシャへ行ったけれど、どちらの旅でも沿岸エリアで大雪になった。でも大丈夫。チェーン、ショベル、サンドボードを備えていたし、四輪駆動

で雪対策は完璧だった」
　ギリシャの旅はイタリアのアンコーナからスタートした。フェリーに乗り、ギリシャ最大の旅客ターミナル港の一つ、イグメニツァに渡った。この時点では旅程はほとんど決めておらず、最初に興味を持ったイオニア海に浮かぶレフカダ島に向かうことにした。イグメニツァから136キロ南に位置する島で、細長い土手道や浮き橋で本土とつながっている。本土に戻ると内陸に向かい、この旅のハイライトとなる奇岩群の地メテオラを訪ねた。その頂には14世紀にギリシャ正教の修道院が建てられ、奇岩群と共にユネスコ世界遺産に指定されている。その後、ペロポネソス半島内のポピュラーなキャンプコースを走った。ギリシャで最も古代遺跡が集まっていることで知られる場所だ。ここが旅の最後のつもりだったが、口コミや偶然が重なって、エヴィア島に行くことにした。クレタ島に次ぐ大きさの島で、首都アテネに近く海岸から見るとまるで宙に浮いているような島だ。実際は本土と2本の橋で結ばれていて、簡単に車で移動できる。ヨーロッパ中がロックダウンされていた静かな冬の間のことで、どこにいてもほとんど人に出会わなかった。
「ほぼ全日程、旅行者は私たちしかいなかった。特にレフカダ島とエヴィア島。本土でもピリオ山とハルキディキ地方では誰にも会わなかった」と、ピクスナーは話す。
　結局、二人は秋の終わりの2020年11月から2021年4月に春が始まるまで、冬の期間を通してギリシャを探検することになった。
「本当はこんなに何カ月もギリシャに滞在するつもりはなかった。でもすばらしい景色、目を疑うくらい美しいビーチ、そしておいしい料理と親切な人たちに恋してしまった」
　そんなわけで、2021年11月、二人はギリシャでもうひと冬を過ごし、2022年3月まで滞在することに決めた。
「2度目のギリシャ旅はきちんと計画を立てた。ギリシャを心底愛してしまって、もっといろいろなところを見たかったから！」と、ピクスナー。今度はどこから旅を始めるべきかわかっていた。
「レフカダ島はどちらの旅にも欠かせない場所。とにかく景色とビーチが最高。特に最初の旅ではキャンプしている人は私たちしかいなくて、すごく特別感があった」

**ギリシャ。まるで水の上を
走っているよう（右ページ）**

　テッサロニキの南、ハルキディキ地方は中央マケドニア自治体の一部で、カサンドラとシトニアという手付かずの自然が残るビーチを発見した。次にギリシャ中部のテッサリア地域南東、「隠された宝石」と言われるペリオン半島に向かった。しかし2回目のギリシャ旅の真のハイライトはどこかと言えば、2カ月半を過ごしたクレタ島だ。ギリシャ最大の島は変化に富んだ地形で、多種多様な楽しみ方ができる。

NORTH MACEDONIA
北マケドニア

ALBANIA
アルバニア

Chalkidiki
ハルキディキ地方

Meteora
メテオラ

Igoumenitsa
イグメニツァ

GREECE
ギリシャ

Pelion
ペリオン半島

Lefkada
レフカダ島

Evia
エヴィア島

Peloponnese
ペロポネソス半島

ターコイズブルーの海を楽しむ（上）
ビーチで日の入りを迎える準備（右）

「クレタ島は長旅にはぴったりの島。ビーチは驚くほど美しく、ハニアなど散策したくなる素敵な町が点在している。ハイキングする雄大な峡谷もたくさんあるし、雪をかぶった山の景色、知られていないかわいい村など、もうすばらしい場所ばかり」

　そう語る二人にとって、最も感銘を受けたことは何かと言うと、2度の旅を終えた今でも、ギリシャの魅力は色褪せていないことだ。

ビーチでキャンプ（上）
ギリシャの輝く夕陽（左上）
渓谷の狭い道を抜ける（右）
ギリシャには曲がりくねった
海岸道路が多い（右ページ）

マイクロバスに住んで、もっと働きもっと遊ぶ

バンライフを目指す多くの人は、事前に予算を立てしっかり蓄えてからオフグリッドの冒険に出るだろう。しかし理学療法士の免許を持つオーストラリアのカップル、クレア・オースティンとデイヴィッド・ダイメックは、自分たちとクライアントの両方に利益をもたらす方法はないかと思いをめぐらせていた。二人はシドニー大学で出会い、卒業後は市の郊外で一緒に家を借りようと決めた。家を持たねばというプレッシャーは感じたが、一カ所に落ち着いて多額のローンを払い続けることにはためらいがあったからだ。そんな彼らは、あるアイデアを思い付く。オーストラリアの田舎や隔絶されたコミュニティでは、質の高い医療サービスを受けるのは難しい。しかも二人は各地を旅してまわるライフスタイルに憧れていたので、マイクロバスを移動式住居に改造して全国各地をめぐり、自分たちの医療技術を提供しようと思ったのだ。

車探しに数カ月を費やし、2007年製トヨタ・コースターB50を見つけ出した。市バスとして使われていた21座席の白いマイクロバスで、2019年10月に手に入れ、さっそく夢に見たタイヤ付き住居に改造する重大任務に乗り出した。オースティンもダイメックもキャンパー・コンバージョンの経験はなかったが、そんなことで怯む二人ではない。オンライン上のバンライフ・コミュニティの助けもあり、バスの巨大な内装を外し、ガスと水回りの配管以外はすべて自分たちの手で1年かけて改造した。一番大変だったのは、太陽光パネルの設置とオフグリッド用の電気配線だったと言う。しかし、この努力はのちに報われる。旅行中の電気系トラブルの修理は、すべて自分たちでできたからだ。屋根には丸い天窓を取り付け、室内に日光をたっぷり取り込むと同時に、寝室から星空が眺められるようにした。

車内のレイアウトデザインにおいて、いくつか譲れないことがあった。シャワー付きのバスルームと、固定ベッド（毎日ソファをベッドに作り変えるなんて……）の設置である。そして今、ダブルベッドが後方を占め、残りのスペースは魅力的なキッチンとオレンジ系の木材と白のパネルに飾られたリビングエリアになっている。二人は狭い車内空間で多機能性を最大限に取り入れようと、気の利いたアイデアも採用した。緑のベルベット張りの座席の横の木製テーブルはたためて回転するタイプで、ここで仕事や食事ができる。また、延長可能なキッチンの水栓は、シンクの上の窓から外に伸ばせば屋外シャワーとして使える。

ルーフトップから果てしない風景を楽しむ（右ページ）

オーストラリアの日の光（左上）
いつでも被れるように壁に2つの帽子がかけてある（右上）
近くにカンガルー（右）

　現在、このトヨタはマンションの一室のように快適で、二人が立ち上げた「プロジェクト・フィジオ（理学）」というビジネスも、ロードトリップしながら運営できる。ウェブサイトによると、診療所、病院、高齢者施設、「その他の手助けが必要ないかなる医療機関」で代診医としてのサービスを提供し、遠隔地では一時的な「ポップアップ診療所」も可能、とある。理学療法士の仕事は肉体的にも精神的にも厳しく、燃え尽きてしまう医師も少なくない。しかし、オースティンとダイメックは違う。二人はオーストラリアの東および南海岸をめぐり、今は西海岸を探検中で、このスタイルなら仕事の合間は自然の中で十分な休息がとれる。やりがいのある仕事と、癒しとなる遊びの時間。健康的なバランスができているのだ。

DETAILED VEHICLE INFORMATION — 詳細車両情報 —

　トヨタ・コースターはマイクロバスで、1969年にこの名前でデビューした。コースターの広々とした車内はさまざまにレイアウトできるし、コンパクトなボディは国立公園や街中での取り回しを快適にする。現役を退いたコースターは、キャンパー・コンバージョンにうってつけなのである。オースティンとダイメックのコースターは3代目のモデルで、旧型より空力性能に優れたフォルム。この車は、日々の忙しい仕事からの避難所として完璧で、木製のルーフトップデッキでくつろぐ二人がよく目撃されている。

製造会社	トヨタ	製造年	2007年
形式	コースター B50	走行距離	370,000キロ (229,907マイル)

ただウルル（エアーズロック）を
眺める時間（上）

デッキが自慢。
スクールバスの
夢は尽きない

部品のほとんどをリサイクル品、アップサイクル品、廃品回収品で、「ボディ」と名付けたシボレー・バンをコンバージョンする。アンディ・タルボットをそんな作業に駆り立てるのは、3つの夢だ。

「物心ついてからずっと、カナダのバンクーバー島からメキシコのカボ・サン・ルカスまで、本格的な西海岸ロードトリップを夢見てきた。話を聞いて育ったカリフォルニアの延々と続く海岸線を、何カ月もサーフィンしたり観光したり、探検しながら過ごしたいって」

2番目の夢は、母なる大地と人間とのつながりを再確認し、偏見のない人々と旅の途中で出会うこと。3番目は、永遠に続くであろう月極賃貸料に終止符を打ち、荷物をまとめて1年おきに引っ越すこと。賃貸料の代わりに必要になったのが「ウミガメの甲羅」だったと、タルボットは言う。

「自分の直感に従って、翌朝にクレイグリスト（*Craiglist*、地域の不動産情報や求人情報を掲載したウェブサイト）を見て、1990年製のシボレー・バンG30トーマス・スクールバスを買ったんだ」

思惑通り、このバスはキャンプのためだけでなく、同じような志を持つ旅行者とのクリエイティブな会合スペースとなった。

「最終的に居心地良く対話ができるリビングスペース、アートスタジオ、ギャラリーのような、西海岸の人々が集まってくる場所にすることを目指したんだ」

タルボットは、そんな思いをバンのコンバージョンに注ぎ込む。ほぼ5カ月間、冬の嵐の間も1日10〜15時間を費やした。材料にもこだわった。「レッドシダーと流木の自然そのままのカーブをプロジェクト全体のテーマ」にして、地元の木材の美しさをバスで披露することにこだわり、木材と金属の95パーセントを友人や工場、スクラップ置き場から回収した。木工加工作業に一人でひたむきに打ち込んでいると、すぐに瞑想しているような心境になったと言う。

最も時間を費やして作り上げたものと言えば、バスの「心臓部」にあるクリスタル・テーブルだろう。それはまるで浮いているように設置され、西海岸でよく見かける潮だまりのようだ。

「何週間もかけてシダーの腐食部分を取り除き、磨いて、水晶や燐光が輝くようにエポキシ樹脂で接着した。ビーチコーミングで見つけた世界中の漂流物もいっぱい入れてね」

西海岸の潮だまりという意図通りに燐光粉を光らせるため、クリスマス用の豆電球も仕込んだ。ほかのインテリアにも、同じような驚きと人々を惹きつける雰囲気がある。間仕切りのない家と同じように「開放的でウォークスルー」なキャンパーに設計され、図書閲覧コーナーやエルク（大型のシカ）の角の帽子かけ、無垢のカーブした木材で造った棚

メキシコ。
バイア・デ・コンセプシオン湾の
紺碧の海に包まれる（左ページ）

など、おもしろいデザインにあふれている。しかし、驚くのはまだ早い。屋根にはレッドシダーのデッキが据えてあり、その上には収納の小部屋と、ハンモックが2つ吊るせる木製の足場が組んである（タルボット曰く「ここは昼寝と波のチェックができる究極のバハ・スタイル」）。このデッキはアウトドア・リビング、交流の場、就寝スペースとして機能する。タルボットとボディは、アメリカ、カナダ、メキシコの旅を共にしてきた。良い思い出ばかりではない。たとえばメキシコとの国境を越える際、摂氏50度の熱波でタイヤがバーストしてしまい、砂漠のど真ん中で立ち往生したこともある。しかし、ロード上で避けられない事故に遭っても、タルボットは前を向き続けている。ところで、彼のロードトリップでの最大の喜びは何だろう？

「どこに行っても、同じ意思を持った美しい魂とつながることができる」ことだ。

DETAILED VEHICLE INFORMATION —— 詳細車両情報 ——

　このシボレー社のスクールバスは、木材や金属、近辺で見つけたものを再利用した素材を使用して、居住スペース兼アートスタジオにコンバージョンされた。キッチンなどの実用的な装備以外に、みんなで使う手作りのクリスタル・テーブル、図書閲覧コーナー、無垢の木材で作られた棚などひと癖あるインテリアが見受けられる。サーフボード・ラックがバスのサイドを飾り、屋根には収納の小部屋と2つのハンモックが吊るせる木製フレームを備えるレッドシダー材デッキが載っている。

製造会社	シボレー	製造年	1990年
形式	バンG30 トーマス・スクールバス	走行距離	145,000キロ (90,099マイル)

木製インテリアが暖かい
雰囲気（上）
屋根のテラスで
祝杯を上げる（右ページ）

人を笑顔にする
パンプキン色の
コンビ・バス

「『ステラ』が人生の一部になったのは、2018年前半」

　マテア・カーソンは、パートナーのジョーダン・マッカーサーと共に所有する、パンプキン色の1975年製フォルクスワーゲンT２コンビについて語る。

「オーストラリアをぐるりと一周する計画を立てた時、コンビ・バスのことが頭から離れなくなった」

　そして二人はインターネット上で理想のフォルクスワーゲンを何カ月も探した末、ひょんなことから「ステラ」を見つけた。

「実物を実際に見た３台目の車がステラ。オーナーの家の前庭に愛らしく停まっているのを見た瞬間、これは私たちの車だと直感した」と、カーソンは言う。

「フォルクスワーゲン愛好家たちは、このタイプを『レイト・ベイ、ハイ・ライト』(張り出したフロントガラスと高い位置にヘッドライトが付いているため) と呼ぶ。ポップアップ式のベッドルームが備わっているデザインだから、ロードトリップにうってつけね」

　バスは少し前に再塗装され、前方の座席も新しかった。

「でも、内部にはまったく何もなくて、まるで真っさらなキャンバスに自分たちの好きな絵を描けるようだった」と、カーソン。

　今までにバンライフの経験はないものの、写真家としての鋭い観察眼は細部まで行き届き、二人はステラの内装デザインに取りかかった。

「コンビの車内はさほど広くないので、あえて特徴を持たせずに、車内を広く感じさせるようにした」

　こう説明する内装は主に木材と白い塗装パネルが使われていて、外装と同じパンプキン色の差し色と褐色のキャンバスの天井で、温かみを演出した。白、クリーム色、淡いグレーでまとめたシートカバーやクッションカバー、ブランケットは、そこにいる人を包み込むような落ち着いた雰囲気を加味している。また、オーストラリアは温暖な気候なので、どこに行ってもアウトドアにリビングスペースを広げることができる。そんな時のために、バスのサイドドア付近に据え付けたベンチ兼カウンタートップは、外に引き出せるようになっている。これはカーソンのお気に入りの一つだ。

「バスの外で料理したり、のんびりしたりする時に、とっても快適で便利なの」

　ステラの一番の特徴は、外装の色だ。そのパンプキン色は自由奔放な1970年代を彷彿とさせ、旅行者仲間の間で人気の的になっている。

「こんなにキュートな色のバスはそう走っていないの！　ステラは今、47歳。

パステルカラーの空の下、
ヤシの木の間に停まる
(左ページ)

私たち専用のタイムマシンみたい。自由な雰囲気に満ちた良い時代を代表している。旅をしていると、どこかに訪れるたびにステラがすてきなエネルギーをシェアするのを感じるし、人々の顔を見ると、それがポジティブな影響だってわかる」と、カーソンはうれしそうに言う。

　また、カーソンは「ステラのヘッドライトとまつ毛」が作り出す「優しい笑顔」も大好きだ。一方マッカーサーは、ポップアップして形を変えるテントの、おもちゃのような性質を楽しんでいる。

　現在までに、二人はオーストラリアのほぼすべてのエリアをめぐった。

「ゆっくりと旅をして、どんな場所でもあらゆる景観を楽しんだ」と言うカーソンたちは、来年はステラをニュージーランドに運んで、バンライフを続ける予定だ。
「つらかったのは、コロナ禍に自宅から4,000キロも離れたところにいて、身動きが取れなくなったことだ」と、厳しい局面もあったと言うが、最近、最高の思い出ができた。
「たまたま国内の違う地域から来た二人のフォルクスワーゲンのオーナーに出会った。1週間ばかり一緒にオーストラリア南海岸を走り抜けて、貴重な時間を分かち合ったよ」

DETAILED VEHICLE INFORMATION —— 詳細車両情報 ——

　鮮やかなオレンジ色で「フレンドリーな顔」を持ち、1970年代のオーラを放つ（ナンバープレートも「75vibes」だ）。そんなT2コンビは、町ゆくバスの中でも特に楽しい一台である。カーソンとマッカーサーは「ステラ」のインパクトのある外観と対照的に、内部は最小限のデザインで車内をより広く感じさせ、屋根のテントをポップアップすることで高さも確保できる。コンビのオドメーターが99,999キロに達するとゼロに戻ってしまったため、今までどれくらいの距離を走ったのか、知る由もない。しかし、現在ステラは頼もしく、魅力的な道連れであることに違いない。

製造会社	フォルクスワーゲン	製造年	1975年
形式	T2コンビ	走行距離	不明

**ポップアップテントのベッドで
朝食を（上）
小さな仲間は休憩中（右ページ）**

往年の名車を
クールな
仕上がりに

　ベン・ケイネルがフェイスブックに就職した時、仕事を切り離した週末を過ごすプロジェクトが必要だと感じた。ちょうどサーフィンを始めて、生まれて初めて車が必要になり、「古いバンを土台からリノベーションしたら楽しいんじゃないか」という結論に達した。

　そして、1985年製フォルクスワーゲンT3ヴァナゴンGLをクレイグリスト（Craiglist、地域の不動産情報や求人情報を掲載したウェブサイト）で購入。「ジョゼット」と名付けた。「ジョゼットは古くてダサい。それにオドメーターが161,557キロで止まって動かなかった」と言うケイネルは、車に関してはずぶの素人だった。知っていたことと言えば、水冷式エンジンのフォルクスワーゲンは「かっこいい」ことと、「空冷式エンジンは遅い」と何かで読んだこと。しかし、ジョゼットを手に入れた瞬間から、彼はヴァナゴンについて知るべきことをすべて学ぼうとし、リノベーションに向けて動き出した。「フォルクスワーゲンが、ウェストファリア社と協力して作ったキャンパーと同じレイアウトにしたかった。僕に必要な仕様は譲れないけどね」

　その仕様とは、たとえば、サイドキャビネットの容量を大きくするためにベッドの幅を狭くすること、バンの内部に日光をふんだんに取り込むためにポップアップ式屋根は取り入れないことなどだ。「代わりに屋根に1メートル四方の穴を開けて、可動式のサンルーフを取り付けた。神経をすり減らす作業だったけど、一番イケてるアップグレードだよ」と、言う。

　さらに、屋根の上には理想のサンセットを楽しむ木製デッキも据え付けた。ケイネルのキャンパー・コンバージョンのもう一つの特徴は、手塗の外装である。

　「くたびれて、ひび割れていた濃いブルーだった元のカラーを、陽気な黄色に塗り変えて、ホワイトのアクセントを入れた。このバンを、往年のフォルクスワーゲンのコンビ・バス風にして、バンのすべてのアイテムを『50年代』と、このバンが生まれた『80年代』のデザインの橋渡し役にしたかった」

　内装に関しては、美的感覚と実用性のバランスをうまく取った。白い壁に置いたキャビネットはメープル材、なめらかなカウンタートップはパイン材でできている。床は模様が入ったシートで覆い、サーファーに欠かせない防水仕様にしたうえで、暖かさを保つためにウールのメキシカン・ラグを敷いた。天井は数枚のウッドスラット（板壁）を張り、ボートのような空間を作った。ユニット棚も仕込まれていて、これは貴重な収納スペースだ。バンの後方には屋外シャワーと洗面所を設置した。車内には補充可能な水タンクが目立たないように収納されている。小さな引き出しを開けると飛び出す食器乾燥ラックと、計算された収納式の木製シャワーベースは革新的で、才能の証でもある。助手席も回転できるように改造され、バン内部に向かって座れる仕組みだ。

うっそうと茂るメキシコの熱帯地方を行く（右ページ）

　これまでにケイネルはジョゼットと共に、アメリカ、カナダ、メキシコを旅してまわった。思い出深い冒険と言えば、カナダ・アルバータ州のジャスパーとバンフ国立公園を結ぶ、227キロのアイスフィールド・パークウェイをドライブした時のこと。「アサバスカ氷河の前で一夜を過ごそうと停まって外に出たら、1匹のキツネが静かに近寄ってきた。ヤツの好奇心

は恐れに打ち勝ったみたいで、静けさの中、お互いに何十分もそのまま過ごしたんだ」

　一方、ひやりとしたのは、メキシコ・ケレタロ地域の山道で登っている時のこと。エンジンがオーバーヒートしてしまっ

たのだ。

「ラッキーなことに、ラジエーターのヒューズが飛んだだけで、交換してからは問題なかった」と言うケイネルは、これからも新たなロードトリップに挑戦するに違いない。

DETAILED VEHICLE INFORMATION —— 詳細車両情報 ——

　3代目のフォルクスワーゲン、1985年製のこのバンは、世界各地で違った名前で呼ばれている。ヨーロッパではトランスポーターかカラベル、英国ではT25、南アフリカではマイクロバス、そして南北アメリカではヴァナゴン（Vanagon、van＋wagaonの混成語で、ステーション・ワゴンのように滑らかに走るが、バンのように広い）だ。ジョゼットは、独特の色合いで可動式サンルーフを備え、フォルクスワーゲンの伝統的なレイアウトをオーダーメイドで採用した、キャンパー・コンバージョンの傑作である。さらに屋外シャワーと洗面所、スリムなサイド・オーニング、サンセットを見るためのルーフ・テラスなどを装備している。

製造会社	フォルクスワーゲン	製造年	1985年
形式	T3ヴァナゴンGL	走行距離	483,000キロ (300,000マイル)

バン内オフィス（左ページ）
午後の日差しに包まれて
ギターをつま弾く（左上）
旅で見つけた小物たち（右上）

ボリビアの
アルティプラノで
アップ&ダウン

シュルシィとピーター・ラップはボリビアに向かい、息をのむほど美しく、しかしチャレンジングなアンデス高原のラグナス・ルートに挑む。

ボリビア

シュルシィとピーターのラップ夫妻はアメリカでのシティーライフを捨て、自由な道を毎日探検する暮らしを選んだ。南アメリカで過ごした長い旅をリストにすれば、ベスト1に輝くのはボリビアだ。

「ボリビアは別世界のようで、南アメリカ大陸を縦断するのに、ここを避けて通るわけにはいかなかった」と言う。

二人はボリビア南西部の高地で必見の場所2カ所を中心に、旅の計画を立てた。世界最大のウユニ塩湖と、チリまで延びるアンデス高原内の道路、「宝石の道」と呼ばれるラグナス・ルートである。

「これは長い旅の一部だったので、時間の制限や厳密なプランはなかった。ネットでこの2カ所について基本的なことを調べ、ルートを確認して必要なガソリンや備品の量を計算したんだ。美しい場所を探索し、毎日を楽しむという目的のためにね」

ボリビアのアルティプラノは驚くほど美しいが、危険が伴う地域でもある。特に国土の南西部は、標高の低い湿度が高めの東部と対照的に乾燥していて、その環境は旅行者には厳しい。ラップ夫妻は、海抜の高い寒冷な気候対策ギアを吟味した。

「暖かい重ね着、寝袋、羽毛布団、アメリカから持参したプロパンガスボンベ。これらがボリビアの気候に対して準備したもの」

塩湖での必須アイテムは、日焼け止め、保湿クリーム、サングラスなど、太陽の反射光と乾燥へ対応するためのものだ。そして今時地味だが、紙の地図。

「ボリビアでは、広い範囲にわたって人と接触したり携帯電話の電波を拾ったりすることが難しい。携帯電話にダウンロードした地図のバックアップとして、紙でできた最新版の地図を見つけておくといい」と、二人はすすめる。

この困難な地形を横断したのは、二人の永久的なマイホームでもある、頼もしい1987年製フォルクスワーゲンT3ヴァナゴンGLウェストファリア。

「このバンのすばらしいところは、『30年以上前に作られた車にありがちな避けられない問題』が起きて立ち往生した時でも、家として完璧に機能すること。南アメリカ大陸の地形をドライブするために、大きなショックアブソーバー、車高を上げるためのリフトアップスプリング、大きいタイヤ、LSD（リミテッドスリップデフ）は装備しておいた」と、自慢の車と備えについて説明する。

それでも数回、予期せぬ軽い事故に遭った。

「旅の最中は、たくさんのサプライズが起きた。ボリビアのこの地方がこんなにワイルドで過酷だなんて、二人ともまったく知らなかったんだ」

彼らの信頼するフォルクスワーゲンは高所でときどき機嫌が悪くなり、ついにある日、エンジンが始動しなくなった。

「その時は4,500メートルより高い場所にいたから、少し低い場所に移動できれば車が暖まってエンジンがスタートするんじゃないかって期待した。下ってみたら、すぐにいつも通りにエンジンがかかったんだ！」

幸運にも、二人はけん引できる車を持つ友人と一緒に旅をしていたのだ。

「このルートには完全に孤立する場所がいくつもあるから、友達と一緒にドライブしたのは最良の判断だった。予期せぬ事故に備えて、ここを旅行する人に強くすすめるよ！」

「水問題」は、繰り返し発生した。

「塩湖を走ると水が車に跳ね上がって、電気系統のトラブルを起こす。エンジンは後部にあって悪天候にさらされやすいから、水がある場所を走るのをできる限り避けるように気をつけないといけないが、塩湖の大部分は水に覆われているから、結局バンは不定期にパワーロスに見舞われた」

しかし、標高の高さは悪いことばかりではない。塩湖が見せてくれる不思議な目の錯覚と、フラミンゴの群れに出会うという見返りもあった。

「旅のハイライトは、何と言っても塩湖をドライブした体験。世界最大の塩湖を走ってキャンプする経験なんて、今までなかったからね。何日もほとんど人に会わないこと、日没時のパノラマ風景、永遠に続くように見える風景をドライブした感覚は、生涯忘れられないだろうね」

ボリビアのアルティプラノ高地でフラミンゴの群れに出会う（右ページ）

CHILE
チリ

ウユニ塩湖
Salar de Uyuni

BOLIVIA
ボリビア

Uyuni
ウユニ

Laguna Pastos Grandes
パストス・グランデス塩湖

Laguna Capina
カピナ塩湖

Laguna Colorada
コロラダ湖

San Pedro de Atacama
サン・ペドロ・デ・アタカマ

Laguna Blanca
ブランカ湖

ARGENTIN
アルゼンチン

その日最後の太陽光で暖まる（上）
フロントシートで足を伸ばして読書（右）

このロードトリップ中、何度も問題が起きた。素早く解決
できたが、状況は日々変化して気分はアップダウンを繰り返
した。そんな中、二人は平和的な過ごし方も見出した。
「太陽が昇って車内を暖め始めたらベッドを出る。日の出、
コーヒー、朝食、それからドライブをエンジョイする。なるべ
く広い範囲を走って、気になる場所があったら車を停めて
歩いて回る。その日の気分で探検するんだ。一日の終わり
はキャンプサイトで落ち着いて、温かい飲み物を作って、サ
ンセットを眺めながらハッピーアワー。これが、シンプルだ
けど喜びにあふれた僕たちのルーティンだったよ」

草を喰むヤギ(上)
心地良いベッドスペース(左下)
ヤシの木の下に立つシュルシイ(右下)
ボリビアの「赤の湖」ラグナ・コロラダ(右ページ)

新しい人生は
オフグリッドで

　時々、衝動買いや通りすがりの会話が人生を大きく変えることがある。映画製作者で写真家のカイ・ブランスが、そのいい例だ。

「ガールフレンドと一緒に、偶然このバスを見つけた。翌日にはもう買っていたよ」

　それは黄色いスクールバスだった。その後、ポルトガルのコインランドリーで、10年間バンライフを送っているという旅行者と偶然出会い、会話が弾む。

「洗濯が終わるのを待ちながら話をした時、彼は『この暮らしを始める前によく考えたほうがいいぞ、なぜなら後戻りできなくなるから』と言ったんだ。数カ月後にドイツに戻る途中、彼が言っていたことの意味がわかった。そして、住んでいたアパートを引き払ったよ」と、ブランスは言う。

　1993年製のバンデューラ・スクールバスをロッククライミングの旅に駆り出して、山に滞在するのが最初の計画だった。そのためにブランスとガールフレンドは、バスの改造を始めたのだ。

「バスの内装を完璧に取り払って、何も描かれていないキャンバスにすることから始めた。大変だったけれど、自分の手で何かを作り上げるのはとても価値のあることだよね?」

　そう言うブランスは、ユーチューブを見て作業のコツを独学した。

　ワイルドな自然の中で長期間生活するには、バスをオフグリッド仕様にする必要があった。リモートで働くには十分な電力が必須だと悟ったブランスは、ノートパソコンが一日中使え、蓄電装置を充電する機能をバスに施した。次は水だ。可能な限りエコフレンドリーでプラスチックフリーにするために、湖、川、湧水、ガソリンスタンドの水道から水を安全に使えるよう、ろ過装置を据え付けた。25リットル入りの缶4個に水が溜められ、補給なしで暮らせるのは1週間。しかし、こんなに便利な機能にもかかわらず、このバスは故障しやすい。

「スペアパーツが届くのを待ってバスを修理する間、修理工場で暮らすことがしょっちゅうある。自分で直せることもたくさんあるけど、なかにはそれなりの修理工場が必要な場合があるからね。アメリカ製のバスをきちんと直せる優秀なメカニックは、ヨーロッパではなかなか見つからない。ギリシャとポルトガルがベストかな。あと、すげえヤツをカナリア諸島で見つけたよ」

　待機中、少しでも楽に、もっと活動範囲を広げようと、ヤマハのバイクXT250を運ぶデッキも追加した。

海辺の道路に佇む元スクールバス（右ページ）

薪ストーブに火をくべる(左上)
心地よい木材のインテリア(右上)
大自然の中で料理する(右)

「家が動けない時でも自分が動ける手段があるのはメリットだし、これこそ命の恩人だね」

現在までにバイクかバスで旅した場所は、オーストリア、イタリア、フランス、コルシカ島、カナリア諸島、ギリシャ、スペイン、クロアチア、イギリス、ベルギー、オランダ、ポーランド、チェコ、スイス、アンドラ公国。

「何度か小旅行をしたら、このライフスタイルの虜になってしまった。バスで過ごす時間がどんどん長くなって、当然アパートにいる時間はどんどん短くなった」からこそ、アパートを引き払ってバスに引っ越したのだ。

多くのバンライフを送る人がそうであったように、彼もミニマムでバイタリティあふれる生き方に惹かれた。そして、ほんの少しの所有物を携えて、日の出に目覚め夜のとばりが下りると同時に床につく。

「バンライフの良いところは、庭が常に変わることと、悪天候や大自然にさらされること。風、雨、深夜の森で聞く音、ストーブで薪がパチパチ弾ける音。シンプルなライフスタイルで行きたいところに行けること、逆にいつまでも好きなだけ同じところにいられること。こんなことが大好きなんだ。こんなに選択肢がある暮らしなんて、プライスレスだよね」

DETAILED VEHICLE INFORMATION — 詳細車両情報 —

　元スクールバスをロードトリップ仕様にするために、この車は完璧に内装が取り除かれ、オフグリッド生活のためにリビルドされた。水のろ過装置はどんな水でも浄化し、内設されたタンクには100リットルまで溜めておける。電力は、ノートパソコンと他の機器に十分な供給量がある。バイオトイレも内部に設置した。外付けのバイクラックにはヤマハバイクＸＴ250が鎮座し、旅のお供をする。

製造会社	トーマス・ビルト・バス	製造年	1993年
形式	GMCバンデューラ G3500	走行距離	250,000キロ (155,342マイル)

道はずっと続いている（上）

四輪駆動で
順調快適な
バンライフ

世界がコロナ禍に見舞われる中、ロックダウンの脅威がオーストラリアのシドニーにも迫っていた。オリバー・ダイクスは、今こそ自分自身のために自由を買う時だ、と判断する。自由とは、正確に言えば、2004年製のランドローバー、ディフェンダー110TD5のことだ。この3ドアモデルは退役した軍用車両で、オーストラリアではめったに見られない。「ランドローバーは、オーストラリアでは5ドアの110TD5しか販売していない。オーストラリア陸軍があるプロジェクトを試すためにこのモデルを輸入したんだ」と、ダイクスは説明する。

このトラックが北東部のクイーンズランド州からシドニーまで輸送されてきた時、「フル迷彩色で、どこから見ても軍用トラックだった」と、ダイクスは当初の姿を思い出す。

ついにシドニーがロックダウンすると、それを機にダイクスとパートナーのジェイド・ピースはキャンパー・コンバージョンに着手した。

「『モダン・クラシック』」をテーマに設定して、二人で借りていたシドニーのアパートの共有ガレージでトラック全体を分解し始めた。エンジンをオーストラリアの気候に合わせてアップグレードした以外はほぼオリジナルだけど、ボディのボルト、ヒンジ、ゴム、シーリングの部品は全部取り換えた」

作業はトータルで9カ月かかり、「はがし、やすりがけ、修理、再生、布張り、塗装、亜鉛メッキ等の作業」を必要としたこのタスクを、ピースと友人の助けを借りながら自分でやり遂げたと、ダイクスは言う。

トラックの外装は暖かみのある黄色に塗り、「サニーサイドアップ（目玉焼き）」と名付けた。屋根にはマルゴ社製のポップアップ式ルーフを取り付けて、高さを稼ぐと同時に主寝室とした。このポップアップは車の特徴でもあると言う。「車内で立ち上がって動き回れるから、快適にトラックで暮らしながら仕事もできるようになった。四輪駆動がフルに機能するだけでなく、居住性も備わっているんだ」

二人は水道システムや12ボルトの電気配線など、内装のすべての部分を自分たちで設計して取り付けた。オレンジ系の木を使ってカスタムキャビネットを作り、居心地の良いキッチンと、テラコッタ色のコーデュロイ素材を使ったソファを備えた、誰もが羨むリビングスペースを造り上げた。このソファはピースのお気に入りで、「ゲストのためのベッドにもなるし、雨の日はここに寝っ転がって映画を見たり本を読んだりする特等席」だと言う。一方、ダイクスはサニーサイドアップの明るい塗装が自慢だ。

「この色を見るたびに笑顔になるよ。僕の思い通りの『モダン・クラシック』な仕上がりだね。だって車を見た人はまず最初に『車の製造年は?』と聞いてくる。彼らはいつも70年代か80年代だと予想するけれど、エアコン、パワステ、アップル社のカープレイまで付いている2004年だと告げると腰を抜かすんだ!」

**荒れたオフロードを
突き進むサニーサイド
アップ（右ページ）**

ポップアップ式のベッドルームで階下のリ
ビングスペースが広く使える（左ページ）
霧のビーチで停車（左上）
心地好い前部スペース（右上）

ダイクスとピースは
サニーサイドアップ
を駆り、過去12カ月ノ
ンストップのロードト
リップに出た。ハイキング、サーフィン、そして「自主的にオー
ストラリアの孤立したリモートな場所を探検」し、途中何度
か、危険な目にも遭遇した。

「一度は、浜辺のキャンプサイトに急いで戻ろうとして、サ
ニーサイドアップが波にさらわれそうになった時。また、や

わらかい砂丘に飲み込まれそうにもなった」

にもかかわらず、「小さな家に変わったトラック」での旅は
楽しみにあふれていた。

「最高の旅を挙げれば、北クイーンズランドのパジンカに至
る、『オールド・テレグラフ・トラック』を完走したこと。350キ
ロものオフロードで、油断ならない障害物と14の川越え（ワ
ニが生息する川もある）が待ち構えていた。でも本当に美し
く、夢見るような地域を通り抜けるんだ。人はほとんど見な
かった。ワニにも遭わなかったよ！」

DETAILED VEHICLE INFORMATION —— 詳細車両情報 ——

　ランドローバー・ディフェンダーシリーズは多彩なオ
フロードモデルで構成され、そのタフさと多様性で知
られている。110インチのホイールベースを表す「ラン
ドローバー110」として、1983年に製造が始まった。サ
ニーサイドアップは2004年製の四輪駆動車モデルで、
ＴＤ５ディーゼルエンジンが特徴である。この9人乗
りの退役軍用トラックの広い室内はキャンパー・コン
バージョンに最適で、さらにポップアップ式の屋根も
追加された。屋根の上にはオリジナルの軍用ルーフ
ラックが備わり、サーフボードを運ぶのに完璧だ。

製造会社	ランドローバー	製造年	2004年
形式	ディフェンダー110 TD5	走行距離	130,000キロ (80,778マイル)

ひときわ簡素な
貨物用バンが
小屋になる

　見る者に畏敬の念を抱かせるようなキャンパー・コンバージョンと言えば、ピート・バイアの手による車の右に出るものはないだろう。彼はドイツ人のバンライフ実践者で、2010年製のフォード・トランジットMWBを、美術品のようなキャビンにした。

「居心地良いレイアウトにしたかっただけだよ」

　バイアはそのデザインの背景にあるひらめきについて控えめに言うが、複雑な木工品、装飾用のガラス、みごとな薪ストーブは一見に値する。

「ニュージーランドで初めてバンの中に暖炉があるのを見た。その時は一年間ほどステーションワゴンで暮らしていて、オーストラリアでの次の冒険のために少しアップグレードしようと思ったんだ」

　オーストラリア到着後、バンと薪ストーブのお金を貯めようと、ブドウ園で働き始めた。目的のものを入手してもなお、ブドウ園は彼の完璧な居場所となった。バンを夢に描いていた「タイヤ付きの小さなキャビン」に改造する作業スペースだけでなく、自由に使える木製パレットと木材チップが豊富にあったからだ。

「コンバージョンの間、木工加工に対する自分の情熱を発見したんだ。だから時間をかけてさまざまなパターンで楽しんでみた」

　バイアが言う通り、広々としたバン内部の壁とキャビネットは、寄せ木細工から象眼細工まで、さまざまな色合いの茶色で飾られている。バンにはもう一つ、際立ってすばらしいものがある。それについて、バイアこう説明する。

「カウンタートップは見栄えのあるものにしたかった。地元の材料を使いたかったので、近所の材木置き場に行ってジャラ（ユーカリの一種）材の平板を買ったんだ。けっこう重いし割れやすいから、本来はバンに使うにはあまり向いていない。でも赤くて、オーストラリア原産だから気に入った。割れ目はエポキシ樹脂で埋めた」

　ほかにも特徴あるアイテムがある。その一つが、運転席とリビングスペースを分けるステンドグラスの窓だ。

「これは地元の女性にもらった。それが何か魔除けみたいな魅力になって、まさにバンが完成すると思ったんだ」

　確かに、色ガラスとパチパチと燃える火の暖かさの組み合わせは、「家」の雰囲気を感じさせる。

「海で過ごす時間が長いから、特に寒い日や雨の日など、車内に入ったときの快適な環境が欠かせない。それに、小さな暖炉の前でワイングラスを手にして過ごす夜に勝るものはない」と言う。

　もう一つ、譲れないアイテムは、「おそらくバンの中で一番大事。だってそこで一番長く過ごすから」とその理由を語

波が打ち寄せる
崖の上に停まる
「タイヤ付きの小屋」
（右ページ）

LiVE ALOHA

木の小屋を連想させるバンの
インテリア(左ページ)
ルーフトップのデッキで海を眺める(左上)
内部はオーストラリア産の
ジャラ材を使った(右上)

る快適なベッドだ。そのた
め、固定ベッドを設置する
誘惑に駆られたが、広いス
ペースを確保するためにソ
ファベッドを選択した。

　現在、バイアは夢の「タイヤ付きの小屋」と共に冒険に出
ている。今のところ、最悪だった体験は、同時にベストな思
い出でもある、とバイアは言う。

「去年、オーストラリアの奥地で車が故障したんだ。砂利道
を160キロほどドライブしたら、ホイールベアリングが壊れ
てしまった。結局スペアパーツが届くのを待ち、地元の人々
の助けを借りてバンを直す間、2週間ほど道路沿いのホテ
ルに泊まった。そこでその後の旅を共にする数人の友に出
会ったんだ。そのホテルには『起こりうる事は必ず起きる』と
いうマーフィーの法則を書いた看板があって、思わず笑って
しまったよ」

DETAILED VEHICLE INFORMATION —— 詳細車両情報 ——

　手頃な価格で信頼性が高く、驚くほど広くて用途
が広い。そんなフォード・トランジットは、特にキャン
パー・コンバージョンにポピュラーなバンである。に
もかかわらず、バイアの素朴な小屋のように、完全
な改造をした人はほとんどいない。彼はおよそ850
時間をかけ、簡素な貨物用バンを居心地良い住居
に変身させた。暖かな薪ストーブを中心に、フルサ
イズのタイル張りのシャワー室、精巧な装飾で彩ら
れた木工品など、すべてが彼の手によるものだ。

製造会社	フォード	製造年	2010年
形式	トランジット MWB	走行距離	560,000キロ (347,968マイル)

MERCEDES-BENZ 1824 AK

チュニジアの
人知れぬ砂丘と
遺跡を求めて

ゲファ・バーストとルーカス・ローシュは、海岸線でカイトサーフィンを、サハラの人知れぬ砂丘でオフロードトリップをする夢を抱えてチュニジアに向かった。

チュニジア

2021年も終わりに近づく頃、ゲファ・バーストとルーカス・ローシュは温和な気候の北アフリカを目指し南に向かった。「カイトサーフィンだけでなく、冒険への期待が、私たちを旅へとかきたてる」と、バースト。

二人はいわゆる「デジタル遊牧民」で、どこででも働くことができる。2022年の年始を暖かい場所で迎えようと、大好きなカイトサーフィンができる海岸と内陸部の砂漠でオフロードの冒険が思い切り楽しめそうなチュニジアを候補地に挙げた。

「暖かいと言っても、チュニジアでは『一番涼しい季節』の旅。毎日摂氏20度前後だった」

イタリアからフェリーでチュニジア北部に到着した時、気持ちはすでに南のサハラに向いていた。この砂漠のオフロードを単独走破、最高の瞬間を何度も体験した。そして、毎週活気に満ちた市が開かれる砂漠の町ドゥーズに立ち寄り、古代ベルベル人の村シェニーニと、健康回復効果で知られる温泉があるクサール・ギランのオアシスを訪れた。

元ダンプトラックのメルセデス・ベンツ1824AKはコンバージョンされ、荒れた地形とオフグリッド生活に対応する装備を搭載していて、チュニジアにはうってつけの車だ。「過去2年間、まさにこれを目的に車を改造してきた。公道やインフラから離れた遠隔地でも、数日間補給なしで過ごせるようにね」と、バーストは語る。

四輪駆動車には、車高を上げるために大きなタイヤが取り付けられ、その能力は驚くほど効果を発揮した。「バターのようにソフト」と表現するサハラ砂漠の砂の大地を横断す

るのは至難の業だったと言うが、彼らの備えは万全だった。携行品リストを見ると、砂用脱出プレート、ショベル、ジャッキ、けん引ロープ、スペアパーツまで含まれている。

車が故障した時は、地元の人々は寛大で、サポートの手が足りないと思うことは一度もなかったと言う。

乾燥した南部からはジェリド湖に向けて針路を西に取り、異なるタイプのオアシスを訪ねた。ギザギザの峡谷に囲まれたミデス山オアシスと、かつてのローマ帝国の前哨基地でベルベル人の隠れ家があるシェビカ山岳オアシスである。このエリアは砂漠の惑星タトゥイーン（*Tatooine*）として映画のシーンに使用され、「スター・ウォーズ」シリーズのファンなら一見の価値があると、バーストはすすめている。西部遠征の最後の地として、サハラ砂漠最大の塩湖、ジェリド湖に着いた。

「そして、東部が我々を呼んでいた。永遠に続くかのようなゴージャスな砂浜がね」と、バーストが言うように、以後ジェルバ島が行動のベースになり、カイトサーフィンに最適なスポットが目の前に広がる砂浜でキャンプした。しかし、このエリアの魅力は砂浜だけではない。伝統的なハマム（公衆浴場）を訪れ、スーク（市場）でカーペットや陶磁器を探し、郷土料理サラダ・メシュイヤをはじめ、トマト、ペッパー、タマネギ、ニンニクを使ったグリル野菜のピリ辛ミックスなど、おいしいチュニジア料理を見つけた。ジェルバ地域は鳥類の楽園（フラミンゴ島という場所もある）で、ストリート・アート・プロジェクト「ジェルバフッド」も有名だ。

「世界中から集まるアーティストの300以上の作品が町の壁を飾り、とても壮観な風景だった」と、バーストは思い出す。

旅の終盤、バーストとローシュは再び北に向かい、スファックス、ハンマメット、チュニスといった都市をめぐり、この国のまた違った側面を体験する。

「チュニスはある意味、チュニジアとは思えない。何もかもモダンでインフラも行き渡り、大きなショッピングモール、しゃれた家にあふれている。北部に行くにつれ、ブドウ園やオリーブの木立など緑が多くなる」

そこでイタリア経由の帰途に着く前に、良質なワインとオリーブオイルをたくさん買い込んだ。もちろん、ローマ帝国時代の遺跡、ドゥッガ（またはトゥッガ）とエル・ジェムを訪ねるのも忘れなかった。ドゥッガはユネスコ無形文化遺産に指定されていて、チュニジアに最高保存状態で残るローマ帝国都市。エル・ジェムはローマ遺跡の楕円形の劇場で知られている。しかし、永遠の思い出になったのは、現地の人々である。

「キャンパーでの旅でチュニジアがこんなに好きになるとは思っていなかった。問題はまったく起きなかった。あまり

チュニジアの
サハラ砂漠で。
隔絶されている
（右ページ）

250

砂上のオフロードを行く（上）
車内のおしゃれなキッチン（右）

にも遠く離れた場所でない限り、我々が大丈夫なことを確
認するために、チュニジア国家警備隊が毎晩訪れてくれた。
温かく歓迎してくれて、この国の旅行が許可されたことにと
ても感謝している。絶対にまたチュニジアを旅する！」

オートバイも連れている（トップ）
砂漠に残された石塚（上）
元ダンプトラックは
オフロード走行へ準備万端（右）
チュニジアの砂漠の景色（右ページ）

元民間防衛トラックを「ボーホー」な家に

2018年、ドイツ人カップル、ジェニ・ボールとフロ・ボール=シュミットは、無線で指揮できるかつての民間防衛トラックを、ドイツのニーダーザクセン州ヴィルヘルムスハーフェンからオンラインオークションで購入した。1987 年製の風変わりなメルセデス・ベンツ307Dモデルの外装は鮮やかなオレンジ色で、この色は特に珍しいと、二人は言う。
「我々の知識が正しければ、当時このタイプのオレンジ色のバンは30台しか製造されていないはずだ」

当時、バイエルン州を拠点としていた腕利きの二人は、わずか3週間でその内部を「退屈な行政スペース」から「居心地良いタイヤ付きの家」に変貌させた。

とてもレトロなタンジェリンカラーのバンを、その四角くずんぐりした外観から「ディッキー(ドイツ語で「太い」の意)」と名付けた。
「完全な箱型なので、内部のスペースが無駄にならない」

その特性をこう指摘する通り、引き出し式のダブルベッド、アンティークの食器棚、家庭的なキッチンのチェストなど、家具のフィッティングはとても簡単だった。
「ボーホー・スタイル(奔放なボヘミアン風とアーティスティックなソーホー風をミックスさせた感覚)が好きなんだ。モロッコ風の影響を受けて、軽く明るい色も取り入れた」と、インテリアのテーマについて話す。

なるほど、トラック内部を見渡すと、キッチン・タイルなどモロッコの陶器が並び、しゃれたストリング・ライトなどで彩られていた。

ある程度改造すると、二人は「毎週末と休暇中のヨーロッパ探検」に出かけ、このＤＩＹキャンパーで過ごした。そんな暮らしを続けた2020年、人生で本当に必要なのは、「私たち二人、トラック、そして道」だけであると悟った。そして、さっそくアパートを引き払い、仕事を辞め、所有物のほとんどを売り、ディッキーに移り住んだ。
「陸路でインドまでヒッピー・トレイルを旅しようと計画したので、備品をいくつか取り付け、収納を増やし、2台目のストーブを購入し、屋根上テラスを造って『家』をバージョンアップした」

しかし、コロナ禍による制限により、1年の大半をヨーロッパ各地で過ごし、最終的にはギリシャで冬を越すことになった。翌年、二人は中央アメリカと北アメリカの旅に出かけ、ディッキーはドイツで留守番することになったのだが、その間、水害に遭ってダメージを受けてしまう。ドイツに戻った二人は再び修理を行い、新しいバッテリーと太陽光パネルを取り付けた。そして揃ってロードトリップに戻り、最初はスカンジナビアとバルト海諸国、次にジョージアとアルメニアに向かった。その後はトルコ、そして現在、彼らはイランにいる。

これまでのところ、ディッキーは完璧なロードトリップ仲間だと、二人は言う。
「このトラックのサイズが気に入っている。もちろん、雨が降っている時や冬の間はもっと広ければいいのにと思うこ

冒険用具を載せた
元民間防衛トラック
(右ページ)

258

ゴールデンアワーに輝くトラック（左ページ）
ボーホー・スタイルのインテリア（左上）
アウトドアで料理する（右上）

とがよくあるけど、旅するにはちょうどいい。特に狭い道路やにぎやかな都市ではね。しかも通常の駐車場に収まるんだからすばらしいよね」

　ロードトリップで過ごした何カ月もの間、破壊行為から侵入未遂まで、かなりの試練に耐えてきた。それでもオフグリッドの生活を愛してやまない。

「すばらしい景色の中で目覚め、旅の途中ですてきな人々に出会い、ベッド、キッチン、安全なスペースと共に旅をする。自由に世界中を歩き回るなんて、人生最高の経験だよ」

DETAILED VEHICLE INFORMATION ── 詳細車両情報 ──

　　メルセデス・ベンツ307Dは、ドイツのブレーメンで1977年から1995年の間に生産されたT1（または ニュー・トランスポーター）シリーズに属している。フォルクスワーゲン・トランスポーターよりもはるかに大きいこのトラックは、第一級のキャンパー・コンバージョンのベース車として、長い間支持されてきた。ボールとボール＝シュミットは、この元民間防衛トラックを最大限に活用し、4.5 平方メートルの内部をビンテージ家具で装飾し、リラクゼーションと収納スペースのため、大型の木製ルーフデッキを追加。頑丈な自転車ラックも取り付けて、四角く、印象的な姿に仕上がった。

製造会社	メルセデス・ベンツ	製造年	1987年
形式	307D	走行距離	130,000キロ (80,778マイル)

ドイツの
元郵便配達バンで
オフロード生活を

　2015年、フランジスカとマーティ・ヘドリッヒは、1981年製のメルセデスL508Dを購入した。このモデルは、もともとデュッセルドルフで製造されたため、ドイツでは通称「デュード (*Düdo*)」として知られている。以前はドイツ郵便の配達用車両として使用されていたが、二人には大陸を横断してシンガポールに到着するという、壮大な目標に使う大きな夢があった。そのニーズに合わせるため、ヘドリッヒたちは大規模な修復プロジェクトに着手した。このデュードは全長が最も短いタイプで、狭い通りを運転したり、タイトコーナーを抜けたりするには有利だったが、内部に住むためにはいくつかの工夫が必要だった。オフロードを走りたいという夢もあった。

「二輪駆動でありながら、特にオフロード走行に適したデザインにしたかったので、車高の高さと大きなタイヤが欠かせなかった」

　バンは内装が剥ぎ取られ、外枠だけになった。さらに既存の屋根も切り取り、その上にさらに高い屋根を造り、車両のシャーシを持ち上げて、車高を3.2メートルまで上げた。二人によると、車内はとても広くなって、背の高い人でも楽に直立できるようになった。これはバンライフにおいて貴重な要素である。そしてエンジンと車軸も変え、後輪をダブルタ

イヤからシングルタイヤに変え (オフロード向きに)、さびた部分を溶接し、研磨し、滑らかにし、塗装まですべて自分たちだけでやり遂げた。狭いスペースに新しく追加した高さを最大限に活用するために、調度品選びにも注意を払った。屋根の空洞には折りたたみ式のベッドを取り付け、メインエリアは2つのベンチと大きなテーブルを備えた座席エリアにし、そこでリラックスしたり、仕事をしたり、料理をしたり、読書をしたりできる。長旅のため、設備にもこだわった。たとえば130リットルの水が溜められるタンク、どんな水でも飲めるようにする浄水器、250ワットの容量を持つ太陽光パネル、冷蔵庫、湯沸し器、エア・パーキングヒーター(軽油で動く温風ヒーター)、温水の屋外シャワー、Wi-Fiブースターアンテナ、サンドラダー(脱出用プレート)、外部の強力なライト、十分な収納スペースなどだ。オフロード仕様になったデュードの目新しさはそれだけではない。バンのフロントに設置したフラッシュライトバー、屋外キッチン側にも便利なサンドラダー、そして自分たちで描いた幾何学的な象など、二人のお気に入りは尽きない。

　これまで、デュードと共にした冒険は数えきれない。「忘れられないほど印象的だった体験の一つは、サハラ砂

砂漠で
カモフラージュ
(左ページ)

265

漠のふもとまでドライブして、何百万もの星の下、完全な静けさに包まれて夜を過ごしたこと」

その一方では、イタリアの山岳地帯でマフラーから火花が出たり、アルバニアで土砂崩れに遭ったりと、九死に一生を得た体験もある。

「あの時は車も人も通らなかった。電話もインターネット接続もなく、おまけに食べ物も底をついていたんだ！」と、二人は言う。

ありがたいことに、なんとかこの窮状は切り抜けた。そんな彼らは、シンガポールに到達するという最初の目標を果たしたのだろうか？　まだ旅の途上だ。だが、イタリア、アルバニア、トルコ、ブルガリア、ルーマニア、ハンガリー、チェコ、フランス、ポルトガル、スペインなど、目的地に設定した場所は着々と訪れている。そして二人は今、いつの日かシンガポールに着くだろうと感じている。

DETAILED VEHICLE INFORMATION —— 詳細車両情報 ——

　二輪駆動のバンをオフロードに適したものにするために、オーナーはシャーシを上げ、リアタイヤを小さいダブルタイヤから大きいシングルタイヤに変更することで車高を高くした。屋根も高くし、折り畳み式のベッドをそこに設置。浄水システム、130リットルの水タンク、容量250ワットのソーラーパネル、冷蔵庫、湯沸かし器、屋外温水シャワー、Wi-Fi ブースターアンテナ、オフロード用の脱出用サンドラダー、たっぷりした収納スペースなどが、現在二人が誇る設備である。

製造会社	メルセデス・ベンツ	製造年	1981年
形式	L508D	走行距離	236,000キロ (146,644マイル)

一日中走った後、
ハッピーアワーを過ごす(上)
チュニジア、サハラ砂漠で
砂かき(右ページ)

家族みんなで
世界を横断する
旅に出よう

リアンダー・ナーディン、マリア・ゼントナー、息子レノックスは、オーストリアの家族。2016年以来、家族の永遠の家となったコンバージョンされたトラック「アケラ」で世界を横断する旅に出ている。最初の3年間だけで、オーストリアからオーストラリアまでの3大陸、合計80,000キロを走破した。この大がかりな旅の理由を、二人はこう説明する。

「同じような生活を、今後何年も続けることに不満を感じていた。生活費を稼ぐためとは言え、他人のために働きたくはなかったんだ。自分の道を切り開き、責任を持ち、自分で決断したかった。具体的な目標もあって、一番重要だったのは、息子のレノックスに世界を見せること。この地球の美しさを自分の目で見てもらいたかった。そして家族みんなが新しい視点を得てお互いを知りたいと思ったんだ」

彼らのトラックは、もともと国境警備に使用されていたドイツ軍の車両である。

「コンバージョンに手をつけて、満足な仕上がりになるまでに2年かかった。もともと国境を守るために設計されたが、今では国境を越える家族の家になったね」

このミリタリー・グリーンのトラックは完全にオーバーホールされ、12平方メートルの居住空間があるキャビンを載せ、前方は人目を引く深いターコイズブルーに塗装された。細部にわたって改造され、トラックは完全にオフグリッドの家に変わった。現在、アケラには、冷蔵庫とオーブンを備えた完全な機能的キッチン、浄水器、電気ヒーター、薪ストーブ、トイレ、シャワー、湯沸かし器、高電圧バッテリーなどが備わっている。

「部屋のレイアウトはかなりうまくいった。レノックス用には、隠れんぼができる居心地良い部屋が後部にある。キッチンは蒸気がこもらないくらい広いし、屋根の上の私たちの寝室は見た目より大きい。小さなスペースでもとても快適だし、足りないものは何もない。時々、ホットタブがほしくなるけどね」と、笑う。

オーストリアのアルペンヒュッテから着想を得た、居心地良い木製の内装は、構造的にも信頼感がある。

「私たち家族は外で過ごすのが好きなので、天然素材を使うことが重要。内装には数種類の木材を使用していて、レノックスのベッドのはしごは、メイプルの幹をそのまま使っているんだ」

トラックの装備の中で、一番大切にされているのは薪ストーブだと、彼は言う。

「絶対的なお気に入りだね。見た目はもちろん、素朴な小屋の雰囲気を引き立てるし、冬場にはヒーターのバックアップにもなる。マイナス摂氏30度のシベリアで車のヒーターが効かなくなった時、このストーブが命を救ってくれるだろう」

何年にもわたって旅を続けてきた今、好きな場所を一つに絞るのは難しい。

「奇岩の上に建つギリシャのメテオラ修道院は印象的だっ

アメリカ、ワイオミング州の
緑豊かな山の間を
アケラが行く（右ページ）

レノックスのベッドエリアにつながる
合理化されたキッチン(左ページ)
オーストラリアのほこりっぽい
アウトバックを満喫するレノックス(左上)
薪ストーブは信頼できる(右上)

たし、トルコのカッパド
キアではおとぎ話の中
にいる感覚に陥った。
世界で最も標高の高い
高速道路の一つと言わ
れるパミール・ハイウェイを通る旧シルクロード沿いも思い
出深い。そして、シベリアを4,000キロ移動して日本でスキー
もした。インドネシアでダイビング、オーストラリアでウルル

を見て、アメリカのグランドキャニオンにも圧倒された」
　心に残る場所をすらすらと並べる家族は、現在カナダに
拠点を置いている。そして、旅をスローダウンする様子は
まったく見られない。
「トラックで世界中を5年も走っていると、何が最高で何が
最悪の状況なのか、区別がなくなるんだ。トラックは、世界
中で良くも悪くも信じられない経験ができる人生を与えて
くれているからね」

DETAILED VEHICLE INFORMATION —— 詳細車両情報 ——

　この元軍用トラックは、移動式住居として機能す
るようにコンバージョンされた。3人の居住者用に、
12平方メートルのキャビンが載せてあり、一段高い
場所はベッドルーム、その下にコンロ、オーブン、冷
蔵庫を備えた大きなキッチン、トイレとシャワーがあ
るバスルーム、浄水器と湯沸かし器も備えている。
暖房は電気式と薪ストーブの2種類。トラックの装
備は高電圧バッテリーで駆動し、必要に応じてオフ
グリッドでも動作する。

製造会社	メルセデス・ベンツ	製造年	1977年
形式	LA911B	走行距離	200,000キロ (124,274マイル)

シンプルなのに ひときわ目立つ コンバージョン・コンビ

メレディス・スコーフィールドとショーン・ブローケンシャーは、2015年、フォルクスワーゲンT2コンビ、「エッタ」を購入した。元の持ち主は「納屋で見つけられたこの車を買い、生き返らせた」、引退した警官だ。白とヒマワリ色のバスは、ドイツのヴォルフスブルクからやって来たと、オーストラリア人のカップルは言う。

「1970年代にばらばらに分解されてオーストラリアに出荷され、ビクトリア州クレイトンにあるフォルクスワーゲン・オーストラリア工場の生真面目な工具の手で、愛情を込めて組み立てられた」

こうして、このコンビを手に入れると、8人乗りバスをキャンプや冒険用にコンバージョンする作業に取りかかった。

「内部のすべてを簡単に取り外し、必要に応じて従来のバスに戻すことができるように、新しいインテリアを設計した。日常の足代わりとして、キャンプだけでなく、どんな用途にも合うようにね。スペースと重量の節約のため、デザインはシンプルなんだ」と、二人はその作業のコンセプトを説明する。

まずはバスから1列分だけシートを取り除き、後部シートはほんのひと手間でベッドになる、通称ロックンロール・ベッドに付け替えた。

「私たちは本当に必要なもの以外、何も持っていないから」と、ミニマリストによるインテリアリノベーションについて、教えてくれる。その他の装備は次のようなものだと言う。

「二重床、基本的なキャビネットがいくつか、収納式テーブル、収納ユニットとしても機能するベンチ・シートを配置した。2台目のバッテリーと、運転席と助手席の間にぴったりと収まる、小さな冷蔵庫も設置した。ここは愛犬バンディットが座る台にもなる優れものなんだ」

だが、このキャンパーで一番気に入っているのは、次々と変化していく景色が360度楽しめる、合計8つの窓だ。

「ハイウェイを運転中でも周囲をぐるりと見渡し、さえぎるものなく風景に浸ることができる」

多くの古いフォルクスワーゲン同様、エッタもゆっくり着実な旅の友であり、行く先々で大勢の注目を集めている。

「モダンなコンバージョン・キャンパーがたくさんある中、エッタを見ると人々はワクワクする。四輪駆動が必要な隔絶された道なんかだと特にね。この色とデザインはコンビの象徴だし、人生がもっとのんきだった時代を彷彿とさせるんだ」と、コンビに宿る反主流派精神を考察する。

愛犬バンディットと波でたわむれる（左ページ）

「ともあれ、エッタのデザインはすばらしく、バンライフの象徴だよね」

エッタはかなりの「年齢」になるが、スコーフィールドとブローケンシャーはオーストラリアでの長距離のオフグリッド旅に、何度も連れまわした。

「一緒に旅した距離は、80,467キロ以上。コンビの走行距離計は99,999に達するとゼロに戻るので、この50年間に走った距離は生涯わからない」

　こんなふうにこの車との旅について語る二人は、エッタを単なる乗り物以上のものと見なしている。
「エッタには個性がある。まるでもう一人の人間と旅行しているような感覚になる」
　その愛情ゆえなのか、ちょっとした故障とビーチ脇のくぼみにはまってルーフラックが壊れたこと以外、一緒に経験した「最悪の時」を明かそうとしない。

「どんな状況になってもそこから抜け出せるように、エッタのエンジンのことは十分に知っているつもりだよ」
　一方、楽しい思い出はいくらでも出てくる。
「最高の経験は、2019年にオーストラリアを一周した旅だね。東海岸から西へ22,000キロ以上移動した後、北の荒野へと冒険に出て、帰ってきた。エッタは理想の車で、でこぼこ道、川を渡る時、砂浜でも決してくじけなかった」

DETAILED VEHICLE INFORMATION —— 詳細車両情報 ——

　明るくレトロな外観と長距離の冒険心をくすぐる初期のフォルクスワーゲン・コンビは、スタイリッシュなバスを好むマニアの間で根強い人気を保っている。広々とした車内のシートは取り外しができ、コンバージョンにはぴったりだ。ベットとリビングの基本装備さえ準備すれば、簡単にマイクロバスからキャンパーに切り替えることができる。「それがコンビ所有者ならではの特権。どんなニーズにも応じてくれるんだ」と、スコーフィールドとブローケンシャーは言う。

製造会社	フォルクスワーゲン	製造年	1975年
形式	T2コンビ	走行距離	不明

砂漠の風景に溶け込む（上）
共に旅する、
最高の仲間が後ろにいる（右ページ）

索引・写真クレジット

見返し

ナターシャ・クライン/@tashi_ka/@bulli.wilma

Introduction

ヨナタン・シュタインホフ/@seppthebus
P.4, 6(左下), 7
リアンダー・ナーディン/@akela.world
P.6(トップ), 10-11
エイミー・スパイアーズ/thiscabinvan.com
P.6(右下)
ナターシャ・クライン/@tashi_ka/@bulli.wilma
P.8-9

VAN ROUTES
ロードトリップ・ルート

Bolivia　ボリビア

シュルシィ & ピーター・ラップ/holidayatsee.com/@holidayatsee
P.219-227

Georgia　ジョージア

ミレーナ・ファン・アレンドンク & ユリ・ジョーンズ/mygrations.nl
P.143-147

Great Britain　イギリス

ジュリア・ニムケ/julianimke.com
P.107-113

Greece　ギリシャ

ルーカス・アンターホルツナー/the-travely.com
P.183-189

Iceland　アイスランド

ダニエル・ミューラー/mullerdaniel.com
P.29-37

Japan　日本

チャーリー・ウッド/charliewoodvisuals.com
P.55, 56, 58-59, 61(トップ, 左下)
ヘンリー・ジョンソン/@palsjapan
P.57, 60, 61(右下)

Norway　ノルウェー

ナターシャ・クライン/@tashi_ka/@bulli.wilma
P.39-45

The Alps　アルプス

ローレン・サットン/laurenlsutton.com
P.69-77

Tunisia　チュニジア

ゲファ・バースト & ルーカス・ローシュ/@weltbummlerei
P.251-257

VEHICLES
キャンパー・コンバージョン

Chevrolet Van G30 Thomas School Bus｜1990

アンディ・タルボット/bodhicittabus.com
P.198-203

Ford E-450｜2003

ザック・マカルーソ/@growingslowandwild
P.123-127

Ford Transit MWB｜2010

ピート・バイア/@shackonwheels
P.245-249

GMC Vandura G3500 Thomas Built School Bus｜1993

カイ・ブランス/@wetravelbybus
P.229-235

Iveco Daily 50C17｜2014

ターン・アシャ・ソーデン & リース・エイデン・マークハム/@oakieonfilm
P.129-135

Land Rover Defender 110 TD5｜2004

オリバー・ダイクス & ジェイド・ピース/@odd_insta
P.237-243

Mercedes-Benz 1113 LAF Allrad｜1985

フロリアン・ブレイテンバーガー/NINE&ONE/snowmads.world
P.62,64,65(右上)
エライザ・ショハズィーパ/NINE&ONE/snowmads.world
P.65(左上), 66
トム・クロッカー/NINE&ONE/snowmads.world
P.67

THE
VANS & LIFE
バンライフ
キャンパーで行く世界ロードトリップ

編者プロフィール

ゲシュタルテン

ドイツ・ベルリンに拠点を置く出版社。1995年の設立以来、デザイン、アート、建築、フードデザイン等、さまざまな美術関連書を刊行している。近年は、本書をはじめ多くのアウトドア、ライフスタイル系の書籍を編集、出版。美しい写真と世界をカバーする取材力の高さで、常に話題を集める。

Original title: The Getaways
Conceived, edited and designed by gestalten
Edited by Robert Klanten and Rosie Flanagan
Preface by Ruby Goss
Texts by Ruby Goss (pp. 5-8, 28-41, 54-109, 118-121, 142-145, 154-157, 182-185, 199-200, 218-231, 250-253, 265-275) and Daisy Woodward (pp. 12-20, 46-49, 114- 117, 122-139, 148-151, 161-175, 190-193, 205-213, 236-247, 258-261, 281-282)
Captions by Ruby Goss
Illustrations by Livi Gosling
Cover image by Lukas Unterholzner / the-travely.com
Backcover image by Jonathan Steinhoff / @seppthebus
Copyright © 2022 by Die Gestalten Verlag GmbH & Co. KG

For the Japanese Edition Copyright © 2023 by Graphic-sha

The Japanese Edition is published in cooperation with Die Gestalten Verlag GmbH & Co. KG

This Japanese edition was produced and published in Japan in 2023 by Graphic-sha Publishing Co., Ltd.
1-14-17 Kudankita, Chiyodaku, Tokyo 102-0073, Japan

バンライフ
キャンパーで行く世界ロードトリップ

2023年5月25日　初版第1刷発行

編者　ゲシュタルテン（©Gestalten）
発行者　西川正伸
発行所　株式会社グラフィック社
　　　　〒102-0073 東京都千代田区九段北1-14-17
　　　　Phone: 03-3263-4318　Fax: 03-3263-5297
　　　　http: www.graphicsha.co.jp
　　　　振替：00130-6-114345

印刷・製本　図書印刷株式会社

制作スタッフ
翻訳　　　　　　　　志藤 進
組版・カバーデザイン　小柳英隆
編集　　　　　　　　笹島由紀子
制作・進行　　　　　本木貴子・三逵真智子（グラフィック社）

ISBN 978-4-7661-3756-9 C0076
Printed in Japan